【中华国学经典精粹】（双色版）

茶经·续茶经

[唐]陆羽 [清]陆廷灿 著　申楠 评译

Beijing United Publishing Co.,Ltd

北京联合出版公司

图书在版编目（CIP）数据

茶经 /（唐）陆羽著；申楠评译. 续茶经 /（清）陆廷灿著；申楠评译. —北京：北京联合出版公司，2016.9（2018.10 重印）
（中华国学经典精粹）

ISBN 978-7-5502-8766-2

Ⅰ.①茶… ②续… Ⅱ.①陆… ②陆… ③申… Ⅲ.①茶文化—中国—古代 ②《茶经》—通俗读物 ③《续茶经》—通俗读物 Ⅳ.①TS971.21-49

中国版本图书馆CIP数据核字（2016）第239198号

茶经·续茶经

作　　者：陆　羽　陆廷灿
选题策划：宿春礼
责任编辑：肖　桓
封面设计：新纪元工作室
版式设计：新纪元工作室
责任校对：付玮婷

北京联合出版公司出版
（北京市西城区德外大街83号楼9层　100088）
三河市龙大印装有限公司　新华书店经销
字数：130千字　787毫米×1092毫米　1/32　5印张
2018年10月第2版　2018年10月第3次印刷
ISBN 978-7-5502-8766-2
定价：19.80元

前言

　　神农尝百草，一日身中七十二毒，却因偶然发现并饮用了茶，得以化解体内的所有毒素。于是，茶首次以药的身份，低调地走入了人们的视线。随后的千百年里，勤劳的中华儿女开始种茶、饮茶、鉴茶，在这个过程中，一种上至帝王将相，下至平民百姓的茶文化也悄然形成，并逐渐成为中华文化的重要组成部分。

　　谈文化，自然离不开相关的书。纵观华夏历史长河中卷帙浩繁的茶论著作，其中有两本颇为引人注目——一本为唐代陆羽所著的《茶经》，另一本则是近千年后清朝人陆廷灿所著的《续茶经》。

　　陆羽，一名疾，字鸿渐，自称桑苎翁，又号东冈子。自幼年起，一生闭门著书，不愿入世为官。安史之乱后，专精于茶道的研究，终成《茶经》一书，对我国茶文化的发展影响颇深，世人因此尊称他为"茶神"和"茶圣"。

　　陆羽所著《茶经》不足八千言，却涵盖了茶叶本源、器具、制造、冲泡方法等内容。《茶经》共分为十章，扼要凝练地阐述了我国古代茶文化的演变发展，是世界上第一部茶文化专著，也是一本极具史料价值的著作。唐朝时期，回纥国为换得一本《茶经》，愿意以千匹良马作为代价。而当《茶经》走向世界后，更是被译成了多种语言，供不同文化背景下的人们品读。

数百年后的清代，在崇安茶区为官的知县陆廷灿，因擅长采茶、蒸茶、试汤、候火等制茶工序，便依照陆羽《茶经》之目录，草创了一本《续茶经》。该书虽名为《续茶经》，但并非在陆羽著述的基础上进行修补，而是重新独立论述，旁征博引，最终形成了洋洋洒洒十万言的《续茶经》。该书涉猎清代之前的所有茶史资料，论述非常公允，且颇为实用，因而成为清代最大的一部茶书，也是我国迄今为止最大的一本古茶书，陆廷灿由此被世人称为"茶仙"。

本书对这两部著作予以辑录，并进行了注解翻译。两部著作的目录结构一致，分为"茶之源""茶之具""茶之造""茶之器""茶之煮""茶之饮""茶之事""茶之出""茶之略""茶之图"十章。对每一章节，我们兼顾了文章大意的准确性与读者阅读的体验感两个方面，将每章内容分成了若干片段，每一个片段又分为原文、注释、译文三个板块，便于读者翻阅。

由于版面篇幅的限制，我们对《茶经》进行了全文辑录，并给出相应的注解与翻译；对陆廷灿的《续茶经》进行了节选，注解并翻译了第一至第八章的难点，同时将我们译注过程中的疑点一并进行了标注，供读者在阅读中参考。第九、第十两章多为相关信息汇总与诗文摘抄，内容相对简单易懂，故未进行注解翻译。

因时间仓促，译注过程中难免出现纰漏，加上部分内容过于专业，或已不可考证，此次译注必然存在一定的提升空间，希望广大读者，特别是茶道爱好者能对我们的工作提出中肯意见。在此向所有翻开此书，准备阅读的读者表示感谢。

目录

茶经

续茶经

茶经

一、茶之源

【原文】

茶者，南方之嘉木①也。一尺、二尺乃至数十尺。其巴山峡川，有两人合抱者，伐②而掇③之。其树如瓜芦④，叶如栀子，花如白蔷薇，实如栟榈⑤，蒂如丁香，根如胡桃。（原注：瓜芦木，出广州，似茶，至苦涩。栟榈，蒲葵之属，其子似茶。胡桃与茶，根皆下孕⑥，兆至瓦砾⑦，苗木上抽⑧。）

【注释】

①嘉木：优良树木。嘉，用同"佳"。 ②伐：砍伐树木与其枝条。 ③掇（duō）：采摘。 ④瓜芦：一种叶如茶叶，但味苦的树木，广布于我国南方，又名皋芦。 ⑤栟（bīng）榈：即棕榈树。 ⑥下孕：指植物根系往土壤深处生长发育。 ⑦兆至瓦砾：指土地开裂。兆，原指古人占卜的龟甲因烧灼而龟裂，这里意为裂开。瓦砾，原指残瓦碎砖，这里用来指坚硬的土地。 ⑧上抽：向上生长。

【译文】

茶树，是我国南方地区的优良树木，有一尺、两尺，甚至几十尺高。在巴山、峡川等地还有需两人才能合抱的茶树，只有砍下枝条才能采摘上面的茶叶。

茶树长得像瓜芦木，树叶像栀子，花像白蔷薇，果实像棕榈树的树籽，花蒂像丁香，树根像胡桃树根。（作者原注：瓜芦木，产自广东，酷似茶树，但味道苦涩。栟榈，属蒲葵之类，它的树籽像茶籽。胡桃树与茶树的树根都在地下生长发育，只有到土地被撑开之后，树苗才能向上生长。）

【原文】

其字，或从草，或从木，或草木并。（原注：从草，当作"茶"，其字出《开元文字音义》①。从木，当作"槚"，其字出《本草》②。草木并，作"荼"，其字出《尔雅》。）

【注释】

①《开元文字音义》：字书名，成书于唐玄宗开元二十三年（735），现已散佚。 ②《本草》：指唐高宗显庆四年（659）时，由李勣（jì）、苏敬等编撰的《新修本草》，也称《唐本草》，现已散佚。

【译文】

茶这个字，从部件方面来说，有说从属于"草"部的，有说从属于"木"部的，有说并属于"草""木"两部的。（作者原注：从属于草部的，应当写作"茶"，这个字出自《开元文字音义》一书。从属于木部的，应当写作"槚"，这个字出自《本草》，并属于草、木两部的，写作"荼"，这个字出自《尔雅》。）

【原文】

其名，一曰茶，二曰槚①，三曰蔎②，四曰茗，五曰荈③。（原注：周公云："槚，苦荼。"扬执戟④云："蜀西南人谓茶曰蔎。"郭弘农⑤云："早取为茶，晚取为茗，或一曰荈耳。"）

【注释】

①槚（jiǎ）：本指楸（qiū）树。 ②蔎（shè）：本为香草名。 ③荈（chuǎn）：三国时期"茶荈"二字常常连用，现代

已很少使用。 ④扬执戟：西汉文学家、语言学家、哲学家扬雄，著有《方言》等书。 ⑤郭弘农：东晋文学家、训诂学家郭璞，注释过《方言》《尔雅》等字书。

【译文】

茶的名称，第一叫茶，第二叫槚，第三叫蔎，第四叫茗，第五叫荈。（作者原注：周公说过："槚，就是古茶"。扬雄说过："四川西南部的人称茶为蔎。"郭璞说过："较早摘取的叫茶，较晚摘取的叫茗，也有一种说法叫荈。"）

【原文】

其地，上者生烂石，中者生砾壤，下者生黄土。凡艺①而不实②，植而罕茂。法如种瓜，三岁可采。野者上，园者次。阳崖③阴林④，紫者上，绿者次；笋者⑤上，牙者⑥次；叶卷上，叶舒次。阴山⑦坡谷者，不堪采掇，性凝滞，结瘕疾⑧。

【注释】

①艺：种植。 ②实：结实，这里指用脚将土地踩实。③阳崖：向阳的山坡。 ④阴林：因树木茂密遮挡了阳光，形成了浓密的树荫，故称阴林。 ⑤笋，像笋一样，这里指芽头肥硕，体长个大，像笋一样的茶叶嫩芽。 ⑥牙者：即"芽者"，是相对"笋者"来说的，指已经展开，个头瘦小的茶叶嫩芽。⑦阴山：相对"阳崖"而言，指不向阳的山坡。 ⑧瘕（jiǎ）：指一种腹中长肿块的疾病。

【译文】

茶树生长的土地，上等茶树生长在乱石土壤之中，中等茶树生长在砂质土壤中，下等茶树生长在黄泥土壤中。但凡种植茶树时没有踩实土壤或者是用移植的方法栽种，种下去了也少有长得茂盛的。种茶树的方法应该像种瓜一样，种

茶经·续茶经

三年就可以采摘。在野外生长的茶树品质上乘，在园圃中生长的茶树品质次之。在向阳的山坡上有树荫遮蔽的茶树，茶叶呈紫色的是上品，呈绿色的是次品；芽叶像笋一样的是上品，芽头短小的是次品；芽叶卷曲的是上品，芽叶舒展的是次品。在背阴的山坡或者山谷中生长的茶树，不能采摘茶叶，这种茶叶的性质凝滞，人们喝了会患上腹部生结块的疾病。

【原文】

茶之为用，味至寒①，为饮，最宜精行俭德之人。若热渴、凝闷、脑疼、目涩、四支②烦、百节不舒，聊③四五啜，与醍醐、甘露抗衡也。采不时，造不精，杂以卉莽④，饮之成疾。

【注释】

①至寒：古代众多医家都认为茶是寒凉之物，但对寒凉的程度莫衷一是。陆羽认为茶作为一种饮品，其味应为"至寒"。②支：同"肢"，肢体。③聊：略微，仅仅。④卉莽：指杂草败叶。

【译文】

讲到茶的用途，其性味非常寒凉，作为饮品，最适合品行端正、德性俭朴的人。如果干热口渴、心胸闷慌、头疼脑痛、眼睛干涩、四肢疲惫、全身关节不适，只要喝上四五口茶，就会感觉同喝了醍醐、甘露一样。但如果采摘茶叶不合时宜，制造工艺不精细，还掺入了杂草败叶，喝了这样的茶就会得病。

【原文】

茶为累①也，亦犹人参。上者生上党②，中者生百济③、新罗④，下者生高丽⑤。有生泽州⑥、易州⑦、幽州⑧、檀州⑨者，为药无效，况非此者！设服荠苨⑩，使六疾⑪不瘳⑫。知人参为累，则茶累尽矣。

【注释】

①累：妨害、损害。　②上党：指今山西南部地区。　③百济：指今朝鲜半岛西南之汉江流域。　④新罗：指今朝鲜半岛南部。　⑤高丽：指今朝鲜半岛北部。　⑥泽州：今山西晋城。　⑦易州：今河北易县一带。　⑧幽州：今北京周边。⑨檀州：今北京密云一带。　⑩荠苨（jì nǐ）：一种药草名，也被称作"地参"。　⑪六疾：泛指各类疾病。　⑫瘳（chōu）：疾病痊愈。

【译文】

喝茶也可能对身体产生损害，这就和人参一样。上品的人参生长于上党，中品的人参生长于百济、新罗，下品的人参生长于高丽。那些生长在泽州、易州、幽州、檀州的人参，用作药是没有效果的，更何况连这些都不如的人参呢！假如把荠苨当作人参服用了，多种疾病都不会痊愈。知晓人参对人产生的损害，也就知晓茶对人产生的损害了。

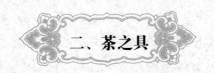

二、茶之具

【原文】

籝①：一曰篮，一曰笼，一曰筥②，以竹织之，受五升，或一斗、二斗、三斗者，茶人负以采茶也。（原注：籝，《汉书》音盈，所谓"黄金满籝，不如一经③"。颜师古④云："籝，竹器也，受四升耳。"）

灶：无用突⑤者。

釜：用唇口⑥者。

【注释】

①籝（yíng）：亦作"籯"，指竹制的箱子、笼子、篮子等盛物用的器具。　②筥（jǔ）：指竹制的圆形盛物器具。　③黄金满籝，不如一经：说的是留给儿孙满箱黄金，不如留给他们一本经书。语出《汉书·韦贤传》。　④颜师古：唐朝训诂学家，名籀，师古为其字，曾为《汉书》等著作作注。　⑤突：烟囱。⑥唇口：敞口，形容锅口外翻呈唇边状。

【译文】

籝：一种说法叫篮子，一种说法叫笼子，一种说法叫筥，用竹子编织而成，能装五升，有的也能装一斗、二斗、三斗，是采茶人背着来采摘茶叶的。（作者原注：籝，《汉书》中音盈，有"黄金满籝，不如一经"的说法。颜师古说过："籝，是竹制器具，能装四升。"）

灶：不要用带烟囱的。

锅：要用锅口外翻带唇边的。

【原文】

甑①：或木或瓦，匪②腰而泥。篮以箄③之，篾以系之。始其蒸也，入乎箄；既其熟也，出乎箄。釜涸，注于甑中，（原注：甑，不带而泥之。）又以榖木④枝三桠者制之，散所蒸牙笋并叶，畏流其膏⑤。

杵臼：一曰碓⑥，惟恒用者佳。

【注释】

①甑（zèng）：古代一种用来蒸煮食物的器具，类似今日的蒸笼。　②匪：通"非"，不要。　③箄（bì）：箄子，一种隔水用的器具。　④榖（gǔ）木：一种木质有韧性的落叶乔木。　⑤膏：指茶叶的精华。　⑥碓（duì）：碓子，一种舂米用的器具。

【译文】

甑：有木制的，有陶制的，不要用腰部突出的，要用泥巴封住的。甑内要用竹篮来隔水，并用竹篾系着。开始蒸的时候，把茶叶放到箄子中；等茶叶蒸熟时，再从箄子中拿出来。锅里的水快蒸干了，就要往甑里加水。（作者原注：甑，不要用带子缠绕，而是用泥巴封住。）还要用带有三个枝桠的榖木做成叉子，抖散蒸熟的茶叶嫩芽，避免茶汁流失。

杵臼：一种说法叫碓子，以经常使用的为好。

【原文】

规：一曰模，一曰棬①。以铁制之，或圆，或方，或花。

承：一曰台，一曰砧②。以石为之。不然，以槐、桑木半埋地中，遣无所摇动。

檐③：一曰衣。以油绢或雨衫、单服败者为之。以檐置承上，又以规置檐上，以造茶也。茶成，举而易之。

【注释】

①棬（quān）：一种类似盂的器具。 ②砧（zhēn）：一种垫在下面的垫具。 ③檐（yán）："簷"的本字，指盖住东西后，四周冒出的部分。

【译文】

规：一种说法叫模，一种说法叫棬。用铁制成，有的呈圆形，有的呈方形，有的呈花形。

承：一种说法叫台，一种说法叫砧。用石头制成，不用石头，也可以把槐木、桑木的一半埋在地下，让它不能晃动。

檐：一种说法叫衣。用油布、雨衣或者穿坏的单衣制成。把檐放在承上，再把规放到檐上，就可以压制茶饼了。茶饼制成后，把它拿起来再做另一个。

【原文】

芘莉①（原注：音杷离②）：一曰籯子，一曰篣筤③，以二小竹，长三尺，躯二尺五寸，柄五寸。以篾织方眼，如圃人土罗④，阔二尺，以列茶也。

棨⑤：一曰锥刀。柄以坚木为之，用穿茶也。

【注释】

①芘（bì）莉：一种草制陈列茶饼的工具。 ②音杷离：与今音不同。 ③篣筤（páng láng）：一种竹制陈列茶饼的工具。 ④圃人土罗：指种菜的人用的土筛子。 ⑤棨（qǐ）：一种在茶饼上钻孔的锥刀。

【译文】

芘莉（作者原注：今杷离）：一种说法叫籯子，一种说法叫篣筤，用两根长为三尺的小竹竿，两尺五寸作为躯干，五寸作为手柄，用竹篾织出方形的眼孔，类似于农夫用的土筛子，宽约两尺，用来陈列茶饼。

棨：一种说法叫锥刀。手柄用坚硬的木料做成，用来在茶饼上穿孔。

【原文】

扑：一曰鞭。以竹为之，穿茶以解①茶也。

焙：凿地深二尺，阔二尺五寸，长一丈，上作短墙，高二尺，泥之。

贯②：削竹为之，长二尺五寸，以贯茶，焙之。

棚：一曰栈。以木构于焙上，编木两层，高一尺，以焙茶也。茶之半干，升下棚；全干，升上棚。

【注释】

①解（jiè）：搬运。 ②贯：贯串茶饼的长竹条。

【译文】

扑：一种说法叫鞭。用竹子制成，能将茶饼穿串，以便于搬运。

焙：在地面挖一个深二尺、宽二尺五寸、长一丈的坑，上面砌矮墙，高二尺，并抹上泥巴。

贯：用削下来的竹子制成，长两尺五寸，可以贯串茶饼以便于焙烤。

棚：一种说法叫栈。是用木料制成的放在焙上的架子，分为两层，高为一尺，用来焙烤茶饼。茶饼半干时，放到架子的下层；全部焙干后，放到架子的上层。

【原文】

穿①（原注：音钏）：江东、淮南剖竹为之。巴川峡山纫榖皮为之。江东以一斤为上穿，半斤为中穿，四两五两为小穿。峡中以一百二十斤为上穿，八十斤为中穿，五十斤为小穿。穿字旧作钗钏之"钏"字，或作贯串。今则不然，如磨、扇、弹、钻、缝五字，文以平声书之，义以去声呼之，其字以穿名之。

【注释】

①穿：一种索状工具，用来将制好的茶饼穿串。

【译文】

穿（作者原注：音钏）：江东、淮南一带的穿索是剖开竹子制成的。巴川峡山一带的穿索是用谷皮搓制而成的。江东一带把重一斤的茶饼串叫作上穿，重半斤的叫作中穿，重四五两的叫作小穿。峡中地区把重一百二十斤的叫作上穿，重八十斤的叫作中穿，重五十斤的叫作小穿。"穿"字，过去曾经写成钗钏的"钏"字，或者写成贯串。如今却不是这样了，就像磨、扇、弹、钻、缝五个字，用读平声、作动词的文字书写，字义却按照读去声、作名词的文字来讲。所以这个字就用穿字来命名了。

【原文】

育：以木制之，以竹编之，以纸糊之。中有隔，上有覆，下有床，傍有门，掩一扇。中置一器，贮煻煨^①火，令熅熅然^②。江南梅雨时，焚之以火。（原注：育者，以其藏养为名。）

【注释】

①煻煨（táng wēi）：一种可以将东西烤热的热灰。　②熅熅（yūn yūn）然：指看不见火苗的火，形容火势微弱的样子。

【译文】

育：用木头制成架子，四周用竹篾编成外壁，并用纸裱糊。中间有隔板，上面有盖，下面有底，侧旁有可以开关的门，掩着其中的一扇。中间放有一个器皿，里面装着热灰，让它保持着微弱的火势。等到江南一带的梅雨季节时，就要烧火去湿。（作者原注：育，就是因为它具有收藏和养育的作用而得名。）

三、茶之造

【原文】

凡采茶，在二月、三月、四月之间。茶之笋者，生烂石沃土，长四五寸，若薇蕨①始抽，凌露采焉。茶之牙者，发于丛薄②之上，有三枝、四枝、五枝者，选其中枝颖拔③者采焉。其日，有雨不采，晴有云不采；晴，采之、蒸之、捣之、拍之、焙之、穿之、封之，茶之干矣。

【注释】

①薇蕨：薇、蕨都是野菜，此处指新抽芽的茶叶。 ②丛薄：指丛生的草木。 ③颖拔：挺拔。

【译文】

但凡采摘茶叶，都在农历二月、三月、四月间。肥壮如笋的茶叶，生长在碎石缝隙中的肥沃土壤里，长约四五寸，就像薇、蕨等野菜刚抽芽的样子，要趁着有露水的时候采摘。个头瘦小的茶叶嫩芽，生长在丛生的草木上，有些能抽出三枝、四枝、五枝，挑选其中长势挺拔的采摘。采茶的日子，如果碰到下雨天则不采，晴天有多云不采；晴天时可以进行采摘、蒸熟、捣碎、拍压、烘焙、穿串、封存等工序，完成以上工序茶饼就做好了。

【原文】

茶有千万状，卤莽①而言，如胡人靴者，蹙②缩然（原注：京锥文也③）；犎④牛臆者，廉襜然⑤；浮云出山者，轮囷⑥然；轻飙拂水者，涵澹然；有如陶家之子，罗膏土以水澄泚⑦之；（原注：谓澄泥也。）又如新治地者，遇暴雨流潦之所经。此皆茶之精腴。有如竹箨⑧者，枝干坚实，艰于蒸捣，故其形籭簁⑨然（原注：上离下师⑩）。有如霜荷者，茎叶凋沮⑪，易其状貌，故厥状萎悴然。此皆茶之瘠老者也。

【注释】

①卤莽：即鲁莽。卤，通"鲁"。　②蹙（cù）：形容有皱纹的样子。　③京锥文也：此内容不能确解何义。　④犎（fēng）：一种牛的名称。　⑤廉襜（chān）然：形容如帷幕一般起伏的样子。襜，车帷，围裙。　⑥囷（qūn）：围绕，回旋。　⑦澄泚（dèng cǐ）：指用水清洗，待其沉淀。澄，静置沉淀，使液体清澈。泚，清澈鲜明。　⑧竹箨（tuò）：即竹笋壳。　⑨籭簁（shāi shāi）：两字意思相通，皆指竹筛子。　⑩上离下师：此为"籭簁"注音，与今音不同，又因古文竖排，故称"上""下"。　⑪凋沮：枯萎，凋散。

【译文】

茶饼的形状有千万种，大体来说，有的像胡人的靴子，表面布满了皱纹（作者原注：京锥纹样）；有的像野牛胸部的肉，布满了帷幕一般的褶子；有的像出山的浮云，盘旋屈曲；有的像清风拂过水面，微波荡漾；有的如同陶工筛出的陶泥，用水澄清后细润光滑；（作者原注：用水将陶土洗净称为澄泥。）有的像新开垦的土地，被暴雨形成的急流冲刷过一样。这些都是茶饼之中的精华。有的茶跟竹笋壳一样，枝梗坚硬，很难蒸熟捣烂，所以这类茶饼的形状像筛子一样坑坑洼洼（作者原注：籭簁音离师）。有的茶跟被霜打过的荷叶一样，茎干与叶子都已凋散，形状样子也发生了改变，所以这类茶饼就显现出干枯憔悴的样子。这些都是粗老低档的茶饼。

【原文】

自采至于封，七经目。自胡靴至于霜荷，八等。或以光黑平正言佳者，斯鉴之下也。以皱黄坳垤①言佳者，鉴之次也。若皆言佳及皆言不佳者，鉴之上也。何者？出膏者光，含膏者皱；宿制者则黑，日成者则黄；蒸压则平正，纵之则坳垤。此茶与草木叶一也。茶之否臧，存于口诀。

【注释】

①坳垤（āo dié）：形容茶饼表面凸凹不平。坳，指土地低洼处。垤，小土堆。

【译文】

茶饼的制作，从采摘到封存，一共要经过七道工序。茶饼的形态，从像胡人的靴子到像被霜打的荷叶，大致分为八个等级。有人把光亮、黝黑、平整的茶饼当作好的茶饼，这是下等的鉴别方法。有人把起皱、发黄、凹凸不平的茶饼当作好的茶饼，这是次等的鉴别方法。如果能总体说出茶饼的好处，并且能总体说出茶饼的不好处，这是上等的鉴别方法。为什么这样说？压出茶汁的茶饼外表光亮，含有茶汁的茶饼外表起皱；隔夜压制的茶饼外表黝黑，当日压制的茶饼外表发黄；蒸熟压实的茶饼外表平整，没压实的茶饼外表就会凹凸不平。从这个意义上说，茶叶与其他草木的叶子是一样的。茶饼的好与不好，存有一套口诀。

四、茶之器

【原文】

风炉〔灰承〕^①

风炉：以铜、铁铸之，如古鼎形。厚三分，缘阔九分，令六分虚中，致其杇墁^②。凡三足，古文书二十一字。一足云"坎^③上巽下离于中"；一足云"体均五行去百疾"；一足云"圣唐灭胡明年铸"。其三足之间，设三窗，底一窗以为通飙漏烬之所。上并古文书六字：一窗之上书"伊公"二字；一窗之上书"羹陆"二字；一窗之上书"氏茶"二字，所谓"伊公羹""陆氏茶"也。置墆㦲^④于其内，设三格：其一格有翟^⑤焉，翟者，火禽也，画一卦曰离；其一格有彪焉，彪者，风兽也，画一卦曰巽；其一格有鱼焉，鱼者，水虫也，画一卦曰坎。巽主风，离主火，坎主水。风能兴火，火能熟水，故备其三卦焉。其饰，以连葩、垂蔓、曲水、方文之类。其炉，或锻铁为之，或运泥为之。其灰承，作三足铁柈^⑥台之。

【注释】

①〔灰承〕：此为风炉的附属器件。为区别于作者注释内容，以〔 〕表示。下同。 ②杇墁（wū màn）：涂抹墙壁，这里专指涂在风炉内壁之上的泥。 ③坎：与巽（xùn）、离一样，都是八卦中的卦名。 ④墆㦲（dì niè）：指风炉底部的算子。墆，底。㦲，小山。 ⑤翟：长尾山鸡。 ⑥柈（pán）：同

"盘"，盘子。

风炉［灰承］

风炉：用铜或铁铸造而成，形似古代的鼎。炉壁厚三分，炉口边缘宽九分，让炉壁与炉腔之间空出六分，并在内壁抹上泥。所有的风炉都有三只脚，上面用上古文字书写了二十一个字：一只脚上写着"坎上巽下离于中"；一只脚上写着"体均五行去百疾"；另一只脚上写着"圣唐灭胡明年铸"。它的三只脚之间，设有三个窗口，底下的窗口是用来通风漏灰的。三个窗口上一共刻有六个上古文字：一个窗口上刻有"伊公"二字，一个窗口上刻有"羹陆"二字，一个窗口上刻有"氏茶"二字，连起来就是"伊公羹""陆氏茶"。风炉内置一个箅子，里面分为三格：一格铸有长尾山鸡的图案，长尾山鸡是一种火禽，所以画上离卦符号；一格铸有小老虎的图案，小老虎是一种风兽，所以画上巽卦的符号；另一格铸有鱼的图案，鱼是水中的生物，所以画上坎卦的符号。巽代表风，离代表火，坎代表水。风能使火旺盛，火能把水煮沸，所以要备上这三种卦象。风炉壁上还用连缀的花朵、垂悬的藤蔓、回曲的流水波、方形的花纹等作为装饰。有些风炉是用铁锻造而成的，有些是用泥巴塑造而成的。风炉的灰承，是一只三脚铁盘，能托住炉底，用来承接炉灰。

【原文】

筥①

筥：以竹织之，高一尺二寸，径阔七寸。或用藤，作木楦②如筥形织之，六出③圆眼。其底盖若利箧④口，铄⑤之。

炭挝⑥

炭挝：以铁六棱制之，长一尺，锐上丰中，执细头系一小锞⑦以饰挝也，若今之河陇军人木吾⑧也。或作锤，或作斧，随其便也。

【注释】

①筥（jǔ）：一种圆形的竹器，可盛放物品。 ②楦（xuàn）：一种筥形的木架子。 ③六出：指竹器上六边形的小孔。 ④利篋（qiè）：指竹制的小箱子。利，当写作"箣（lì）"，是一种小竹子。 ⑤铄（shuò）：削平，使美观。 ⑥炭挝（zhuā）：把炭弄碎的铁棍。 ⑦锞（zhǎn）：炭挝上的一种饰物。 ⑧木吾（yù）：木棒。吾，通"御"，防御。

【译文】

筥

筥：用竹子编织而成，高一尺二寸，直径七寸。有些也用藤在筥形的木架子编织而成，上面要留出六边形的小孔。它的底部和盖子要像竹箱子的开口处一样削平，显得美观。

炭挝

炭挝：用六棱形的铁棍制成，长一尺，头部尖锐，中间丰实，拿着细的端头，系上一个小锞，用来装饰炭挝，就像当今河陇一带的军人用的木棒一样。有的把铁棍做成槌形，有的做成斧形，这都各随其便。

【原文】

火筴①

火筴：一名筯②，若常用者，圆直一尺三寸，顶平截，无葱台勾锁③之属，以铁或熟铜制之。

镀（原注：音辅，或作釜，或作鬴④）

镀：以生铁为之。今人有业冶者，所谓急铁。其铁以耕刀之趆⑤，炼而铸之。内模土而外模沙。土滑于内，易其摩涤；沙涩于外，吸其炎焰。方其耳，以正令也。广其缘，以务远也。长其脐，以守中也。脐长，则沸中；沸中，则末易扬；末易扬，则其味淳也。洪州以瓷为之，莱州以石为之。瓷与石皆雅器也，性非坚实，难可持久。用银为之，至洁，但涉于侈丽。雅则雅矣，洁亦洁矣，若用之恒，而卒归于银也。

【注释】

①筴（jiā）：一种夹东西的工具，类似于箸。 ②筯（zhù）：同"箸"，筷子。 ③葱台勾锁：这里用来代指各类装饰品。 ④鬴（fǔ）：同"釜"，锅。 ⑤耕刀之趆（qiè）：形容犁头坏了。趆，倾斜，歪斜。

【译文】

火筴

火筴：另一种说法叫火筷子，跟平常用的筷子一样圆而直，长一尺三寸，顶端截平，没有葱台勾锁等装饰，多用铁或熟铜制成。

镀（作者原注：音辅，有的写作釜，还有的写作鬴）

镀：用生铁制成。生铁就是当今从事冶炼业的人所说的"急铁"。这种铁是由用坏了的犁头熔炼再铸造而成的。铸造锅时，里面抹泥土外面抹细沙。泥土能使锅的内表面光滑，便于洗刷；细沙能使锅的外表面粗糙，可以吸收火的热量。把锅耳制成方形，能把锅摆正。锅沿要做宽一些，便于火焰伸展开。锅底脐部要突出一些，便于火的热力集中。锅底的脐部突出，水就在锅的中部沸腾；水在锅的中部沸腾，茶末就容易沸扬；茶末容易沸扬，煮出来的茶汤味道就醇香。洪州人用瓷制锅，莱州人用石制锅。瓷锅和石锅都是雅致的器具，但性质并不坚固结实，难以长久使用。用银制锅，非常洁净，但有些奢侈华丽。雅致归雅致，洁净归洁净，如果从经久耐用的角度来说，最终还是银制的好。

【原文】

交床

交床：以十字交之，剜中令虚，以支镇也。

夹

夹：以小青竹为之，长一尺二寸。令一寸有节，节已上剖之，以炙茶也。彼竹之筱，津润于火，假其香洁以益茶味。恐非林谷间莫之致。或用精铁熟铜之类，取其久也。

纸囊

纸囊：以剡藤纸①白厚者夹缝之，以贮所炙茶，使不泄其香也。

碾〔拂末〕

碾：以橘木为之，次以梨、桑、桐、柘为之。内圆而外方。内圆备于运行也，外方制其倾危也。内容堕②而外无余木。堕，形如车轮，不辐而轴焉。长九寸，阔一寸七分。堕径三寸八分，中厚一寸，边厚半寸。轴中方而执圆。其拂末以鸟羽制之。

【注释】

①剡（shàn）藤纸：一种专门用来包茶的纸。 ②堕：碾轮。

【译文】

交床

交床：用十字交叉的木架，把中间掏空，用来支撑茶锅。

夹

夹：用小青竹制成，长一尺二寸。让一端一寸的位置有个竹节，竹节以上剖开，用来夹着茶饼焙烤。这种小青竹经火烤之后就会渗透出竹液，散发出竹的香气，能增加茶叶的香味。如果不去丛林深谷之间焙烤茶饼，恐怕找不到这种小青竹。有的也用精铁、熟铜之类制成夹子，取的是它们经久耐用的特点。

纸囊

纸囊：用两层洁白厚实的剡藤纸缝制而成，用来贮藏焙烤好的茶饼，使茶叶的香气不散失。

碾［拂末］

碾：用橘木制成的最好，其次可以用梨木、桑木、桐木、柘木等制成。碾子内圆外方。内圆则便于运转，外方则防止倾倒。碾子内部刚好可以容下碾轮，没有多余的空间。碾轮，形状像车轮，没有辐条，只有中间的横轴。轴长九寸，宽一寸七分。碾轮直径三寸八分，中间厚度为一寸，边缘厚度为半寸。轴的中心是方形的，两手抓的地方是圆形的。刷茶末的拂末是用鸟的羽毛制成的。

【原文】

罗合①

罗末，以合盖贮之，以则置合中。用巨竹剖而屈之，以纱绢衣之。其合以竹节为之，或屈杉以漆之。高三寸，盖一寸，底二寸，口径四寸。

则

则，以海贝、蛎蛤之属，或以铜、铁、竹匕②策之类。则者，量也，准也，度也。凡煮水一升，用末方寸匕，若好薄者，减之，嗜浓者，增之，故云则也。

水方

水方：以椆木③、槐、楸、梓等合之，其里并外缝漆之，受一斗。

漉水囊

漉水囊：若常用者，其格以生铜铸之，以备水湿，无有苔秽腥涩意，以熟铜苔秽，铁腥涩也。林栖谷隐者，或用之竹木。木与竹非持久涉远之具，故用之生铜。其囊，织青竹以卷之，裁碧缣④以缝之，纽翠钿⑤以缀之，又作绿油囊以贮之。圆径五寸，柄一寸五分。

【注释】

①罗合：茶筛与茶盒，多为竹制。 ②匕：勺子。 ③椆（chóu）木：树名，耐寒而不凋零。 ④缣（jiān）：一种绢，多用两种丝织成。 ⑤翠钿（diàn）：一种用翠玉制成的饰品。

【译文】

罗合

经茶筛筛下来的茶末，用茶盒盖紧贮藏，并把量具"则"放进茶盒中。茶筛是把粗大的竹子剖开并弯曲成圆形，再用纱或绢蒙上而制成的。茶盒是用竹节制成的，有的也用弯曲成圆形的杉木片上漆制成。茶盒高三寸，其中盒盖高一寸，盒底高二寸，口径宽四寸。

则

则，用海贝、牡蛎之类的贝壳制成，或者是用铜、铁、竹制的勺子之类。则，就是称量、标准、量度的意思。一般来说，煮一升水，放一方寸匕的茶末。如喜欢喝淡茶，就减少茶末的量，喜欢喝浓茶，就增加茶末的量。这种量茶的用具因此称为"则"。

水方

水方，用椆木、槐木、楸木、梓木等木片合制而成，里外的缝隙都要用漆漆好，可以容纳一斗水。

漉水囊

漉水囊，跟常用的一样，它的框格用生铜铸成，以使其在被水浸湿后，没有铜绿污垢和腥涩的气味。若用熟铜铸造，则容易生铜绿污垢，用铁铸造则容易产生腥涩气味。在树林中和山谷里隐居的人，有的用竹木制作。木制和竹制的漉水囊都不是经久耐用的器具，也不方便远行携带，所以用生铜来制造。滤水的袋子，用青竹片卷织而成，再裁一块碧绿色的丝绢缝上，可以用一些翠玉的饰品来点缀，再制作一个绿色的油绢袋来贮水。滤水袋的口径宽五寸，手柄长一寸五分。

【原文】

瓢

瓢：一曰牺杓①。剖瓠②为之，或刊木为之。晋舍人杜育《荈赋》云："酌之以匏③。"匏，瓢也，口阔，胫薄，柄短。永嘉中，余姚人虞洪入瀑布山采茗，遇一道士，云："吾，丹丘子，祈子他日瓯牺④之余，乞相遗也。"牺，木杓也。今常用以梨木为之。

竹筴

竹筴：或以桃、柳、蒲葵木为之，或以柿心木为之。长一尺，银裹两头。

鹾簋⑤［揭］

鹾簋：以瓷为之，圆径四寸，若合形，或瓶，或罍⑥，贮盐花也。其揭，竹制，长四寸一分，阔九分。揭，策也。

熟盂

熟盂：以贮熟水。或瓷，或沙。受二升。

【注释】

①牺杓（xī sháo）：瓢的别称。　②瓠（hú）：瓠瓜，即葫芦。　③匏（páo）：一种葫芦。　④瓯牺：此处专指喝茶用的杯杓。　⑤鹾簋（cuó guǐ）：盐罐子。　⑥罍（léi）：一种形似大壶的酒樽。

【译文】

瓢

瓢：一种说法叫作牺杓。把葫芦剖开即成，有的也由木头掏空而制成。西晋的中书舍人杜育在《荈赋》里写道："酌之以匏。"匏，就是瓢，口径大，身子薄，手柄短。西晋永嘉年间，余姚人虞洪到瀑布山采茶，遇到一名道士，道士说："我叫丹丘子，希望以后你的杯杓里有多余的茶汤时，能赠送我一些。"牺，就是木杓。现在通常用梨木制成。

竹筴

竹筴：有的用桃木、柳木或者蒲葵木制成，也有的用柿心木制成。长一尺，两端用银包裹。

鹾簋［揭］

鹾簋：用瓷制成，口径四寸，形状像盒子，有的也像瓶子，或者像酒壶，用来储存细盐。揭，用竹子制成，长四寸一分，宽九分。揭，就是取盐用的小竹片。

熟盂

熟盂：用来储存热水。有的用瓷制成，有的用陶制成。能够容二升水。

【原文】

碗

碗：越州上，鼎州次，婺州次，岳州次，寿州、洪州次。或者以邢州处越州上，殊为不然。若邢瓷类银，越瓷类玉，邢不如越一也；若邢瓷类雪，则越瓷类冰，邢不如越二也；邢瓷白而茶色丹，越瓷青而茶色绿，邢不如越三也。晋杜育《荈赋》所谓："器择陶拣，出自东瓯。"瓯，越也。瓯，越州上，口唇不卷，底卷而浅，受半升已下。越州瓷、岳瓷皆青，青则益茶，茶作白红之色。邢州瓷白，茶色红；寿州瓷黄，茶色紫；洪州瓷褐，茶色黑；悉不宜茶。

畚①［纸帊②］

畚：以白蒲卷而编之，可贮碗十枚。或用筥。其纸帊以剡纸夹缝，令方，亦十之也。

札

札：缉③栟榈皮，以茱萸木夹而缚之，或截竹束而管之，若巨笔形。

【注释】

①畚（běn）：此处指盛放茶碗的簸箕，多用蒲草或竹篾编成。　②纸帊（pà）：包裹茶碗的纸帕。　③缉：将植物皮中的纤维搓捻成线。

【译文】

碗

碗：越州出产的是上品，鼎州、婺州、岳州出产的是次品，寿州、洪州又次之。有的人认为邢州出产的茶碗质地优于越州的，其实完全不是这样。如果说邢瓷像白银，越瓷就像玉石，这是邢瓷不如越瓷之一；如果说邢瓷像雪，那么越瓷就像冰，这是邢瓷不如越瓷之二；邢瓷色白，所盛的茶汤呈现红色，越瓷色青，所盛的茶汤呈现绿色，这是邢瓷不如越瓷之三。西晋的杜育在《荈赋》说："器择陶拣，出自东瓯。"瓯，就是越州。被称作瓯的瓷器，也是越州的最好，碗口沿不卷边，碗底稍卷而碗身不高，容量不到半升。越州瓷和岳州瓷都是青色，青色能增强茶色。邢州瓷是白色，使茶汤呈现红色；寿州瓷是黄色，使茶汤呈现紫色；洪州瓷是褐色，使茶汤呈现黑色。这些都不适宜盛装茶汤。

畚［纸帊］

畚：用白蒲叶卷拢编织而成，能存放十只茶碗。有的也用筥。纸帊，用双层的剡藤纸缝合成方形，也能装十只茶碗。

札

札：将棕榈树皮纤维搓捻成线，用茱萸木夹住并捆紧而制成，有的则截取一段竹子，在竹管中扎上棕榈丝片，看起来就像一支大毛笔。

【原文】

涤方

涤方：以贮洗涤之余，用楸木合之，制如水方，受八升。

滓方

滓方：以集诸滓，制如涤方，处五升。

巾

巾：以绝布①为之，长二尺，作二枚，互用之，以洁诸器。

具列

具列：或作床，或作架。或纯木、纯竹而制之，或木，或竹，黄黑可扃②而漆者。长三尺，阔二尺，高六寸。具列者，悉敛诸器物，悉以陈列也。

都篮

都篮：以悉设诸器而名之。以竹篾内作三角方眼，外以双篾阔者经之，以单篾纤者缚之，递压双经，作方眼，使玲珑。高一尺五寸，底阔一尺，高二寸，长二尺四寸，阔二尺。

【注释】

①绨（shī）布：一种质地较粗的绸。 ②扃（jiōng）：一种可开关、能上锁的门。

【译文】

涤方

涤方：用来存储洗涤之后的水，用楸木板拼合而成，制法和"水方"一样，能容八升水。

滓方

滓方：用来储存各类渣滓，制法和"涤方"一样，容量为五升。

巾

巾：用质地较粗的绸制成，长二尺，做两条，能够交互使用，用它清洁各种器具。

具列

具列：有的做成床的样子，有的做成架子的样子。有的用纯木制作，有的用纯竹制作，也有的兼用竹、木，涂上黄黑色的漆，有门能开关。长三尺，宽二尺，高六寸。之所以叫"具列"，是因为能贮藏陈列各种器具。

都篮

都篮：因能够存放各种器具而得名。用竹篾制成，里面编织成三角形或者方形的孔眼，外面用两条宽竹篾当经线，用细的竹篾当纬线，依次压住两条宽竹篾经线，形成方形的孔眼，使它看起来玲珑美观。都篮高一尺五寸，底部宽一尺，高二寸，长二尺四寸，宽二尺。

五、茶之煮

【原文】

凡炙茶，慎勿于风烬间炙，熛^①焰如钻，使炎凉不均。持以逼火，屡其翻正，候炮^②出培㙊^③，状虾蟆背，然后去火五寸。卷而舒，则本其始又炙之。若火干者，以气熟止；日干者，以柔止。

其始，若茶之至嫩者，蒸罢热捣，叶烂而牙笋存焉。假以力者，持千钧杵亦不之烂。如漆科^④珠，壮士接之，不能驻其指。及就，则似无穰^⑤骨也。炙之，则其节若倪倪^⑥，如婴儿之臂耳。既而承热用纸囊贮之，精华之气无所散越，候寒末之。（原注：末之上者，其屑如细米。末之下者，其屑如菱角。）

【注释】

①熛（biāo）：火苗迸飞。 ②炮（páo）：用火烤。 ③培㙊（lǒu）：小土堆，这里是形容状如虾蟆背上的小疙瘩。

④科：同"颗"。 ⑤穰（ráng）：此处泛指小麦稻黍等的茎秆。 ⑥倪倪：微弱的样子。

【译文】

但凡炙烤茶饼，注意不要在迎风的余火中烤，风吹会导致火苗迸飞如钻子一般，使得茶饼烤得冷热不均。应该夹住茶饼贴近火焰，不断翻烤正反面，待茶饼表面烤得如同虾蟆背一样有小疙瘩时，再放到距离火五寸的地方慢慢烤。等到卷起的茶叶逐渐舒展开，再按开始的方式烤。如果是用火烘干的茶饼，烤到有香气为止；如果是晒干的茶饼，烤到柔软为止。

制茶开始时，如果是很嫩的茶叶，蒸熟后要趁热捣碎，叶子捣烂了但芽笋还硬挺着。如果只借助蛮力，拿着千斤重的杵子也捣不烂。这就像涂了漆的珠子一样光滑圆润，力气大的人接过之后，反而不能将它们握在指间。最后捣好的茶叶，就像没有茎秆一样。炙烤这样的茶饼，那些节好像没有了一般，就像婴儿的手臂一样柔软。烤好的茶饼要趁热装进纸袋储存，以防茶的香气散发掉，待冷却后再碾碎成茶末。（作者原注：上等的茶叶末，它的碎屑跟细米一样。下等的茶叶末，它的碎屑跟菱角一样。）

【原文】

其火用炭，次用劲薪。（原注：谓桑、槐、桐、枥之类也。）其炭，曾经燔炙，为膻腻所及，及膏木①、败器不用之。（原注：膏木为柏、桂、桧也，败器谓朽②废器也。）古人有劳薪之味，信哉！

其水，用山水上，江水次，井水下。（原注：《荈赋》所谓："水则岷方之注，挹③彼清流。"）其山水，拣乳泉、石池慢流者上；其瀑④涌湍漱，勿食之，久食令人有颈疾。又多别流于山谷者，澄浸不泄，自火天至霜郊⑤以前，或潜龙蓄毒于其间，饮者可决之，以流其恶，使新泉涓涓然，酌之。其江水取去人远者，井取汲多者。

【注释】

①膏木：指富含油脂的树木。 ②朽（wū）：涂抹。 ③挹（yì）：同"挹"，舀取、汲取。 ④瀑（bào）：形容水飞溅起来的样子。 ⑤霜郊：即二十四节气之霜降。

【译文】

烤茶饼、煮茶汤的火用木炭最好，其次是用火力强的柴火。（作者原注：指桑、槐、桐、枥之类的木材。）原来烤过肉，沾染了腥膻油腻气味的木炭，以及本身富含油脂的木料和败器都不能使用。（作者原注：富含油脂的树木指柏、桂、桧木一类，败器指曾经被涂抹或者已经腐烂的木器。）古人曾说用不适宜的炭火煮食物会有怪味，这种"劳薪之味"的说法，确实是这么回事！

煮茶汤的水，山水为上等，江水次之，井水最次。（作者原注：《荈赋》中说过："用的水要像注入岷江的那样，用瓢舀取它的清流。"）煮茶的山水，以钟乳上滴下的和石池中漫流出的最好；山谷中汹涌翻腾的急流不要喝，长时间喝会让人颈脖生病。还有许多小溪汇流到山谷之中的水，这些水虽然澄净，但也不流动，从火热的夏天到霜降之前，可能有潜游的虫蛇在水中吐毒，若饮用则要先挖开缺口，让有毒的水流走，使新的泉水涓涓流入，然后再汲取饮用。江河水要从距离人烟远的地方取，井水则要从经常用的井中汲取。

【原文】

其沸如鱼目，微有声，为一沸；缘边如涌泉连珠，为二沸；腾波鼓浪，为三沸。已上水老，不可食也。初沸，则水合量调之以盐味，谓弃其啜余。无乃䧉䀁^①而钟其一味乎！第二沸出水一瓢，以竹筴环激汤心，则量末当中心而下。有顷，势若奔涛溅沫，以所出水止之，而育其华也。

凡酌，置诸碗，令沫饽^②均。（原注：《字书》并《本草》："饽，茗沫也。"饽，蒲笏反。）沫饽，汤

茶经·续茶经

之华也，华之薄者曰沫，厚者曰饽，细轻者曰花，如枣花漂漂然于环池之上；又如回潭曲渚青萍之始生；又如晴天爽朗有浮云鳞然。其沫者，若绿钱③浮于水湄，又如菊英堕于𬭚④俎之中。饽者，以滓煮之，及沸，则重华累沫，皤皤⑤然若积雪耳。《荈赋》所谓"焕如积雪，烨若春蔊⑥"，有之。

【注释】

①鹾盐（gǎn dǎn）：没有味道。 ②饽（bō）：浮在茶汤上的泡沫。 ③绿钱：即苔藓。 ④𬭚（zūn）：一种盛酒用的器皿。 ⑤皤（pó）皤：白色。 ⑥蔊（fū）：花的统称。

【译文】

水煮沸时会浮起鱼眼睛一样的小水泡，并伴有微微的声响，这是"一沸"；锅边沿的水泡像连起来的珍珠一样时，这是"二沸"；水像波浪一样翻腾时，这是"三沸"。三沸以上的水就老了，不能再饮用。在"一沸"时，要预估水量用盐调味，尝剩下的水要倒掉。可不要因为水平淡无味而喜欢带盐的咸味啊！到"二沸"时舀出一瓢水，用竹筴在茶汤的中心旋转搅动，用茶则量好茶末从旋涡中心倒入。过一会儿，锅里茶汤翻滚水沫四溅，再把先舀出的水倒入止沸，保养茶汤表面生成的汤花。

但凡斟茶时，要分到各个碗中，并让泡沫均匀。（作者原注：《字书》和《本草》同样记载，饽，就是茶沫。饽，音为蒲笏反。）沫饽，就是茶汤的汤花，薄的叫沫，厚的叫饽，细而轻的叫花。花，有的像枣花在圆形的水池中轻轻漂荡；有的像萦回的水潭和曲折的小洲旁漂游新生的绿浮萍；有的像晴空中浮动的鱼鳞云。茶沫，如水边漂浮的青苔，又像飘落到杯皿之中的菊花。饽，是用茶渣煮出来的，煮沸时，层层汤花就会堆叠起来，白白的像积雪一般。《荈赋》中说"明亮如积雪，光艳若春花"，确实如此。

【原文】

第一煮水沸，而弃其沫，之上有水膜，如黑云母，饮之则其味不正。其第一者为隽永，（原注：徐县、全县二反。至美者曰隽永。隽，味也。永，长也。味长曰隽永。《汉书》：蒯通著《隽永》二十篇也。）或留熟盂以贮之，以备育华救沸之用。诸第一与第二、第三碗次之。第四、第五碗外，非渴甚莫之饮。凡煮水一升，酌分五碗。（原注：碗数少至三，多至五。若人多至十，加两炉。）乘热连饮之，以重浊凝其下，精英浮其上。如冷，则精英随气而竭，饮啜不消亦然矣。

茶性俭，不宜广，广则其味黯澹①。且如一满碗，啜半而味寡，况其广乎！其色缃②也，其馨歆③也，（原注：香至美曰歆。歆，音使。）其味甘，槚也；不甘而苦，荈也；啜苦咽甘，茶也。（原注：本草云：其味苦而不甘，槚也；甘而不苦，荈也。）

【注释】

①黯澹：同"暗淡"，这里用来形容茶味淡薄。 ②缃（xiāng）：浅黄色。 ③歆：香而美。

【译文】

水煮到"一沸"时，要撇去上面的水沫，因为水沫上有一层水膜，像黑云母一般，喝下去茶味就不纯正了。第一次舀出的茶汤，味道香醇而绵长，（作者原注：隽，音为徐县或全县反。最甜美的味道才称为隽永。隽是味美的意思。永是长久的意思。味美而绵长就叫作隽永。《汉书》载有蒯通著的《隽永》二十篇。）可以留在熟盂里存放，用来保养汤花或者防止沸腾。再舀出第一、第二、第三碗茶汤,味道要次一些。第四、第五碗以后的茶汤,除非是渴得厉害,否则就不要喝了。一般煮一升茶水,可斟倒出五碗,(作者原注:碗数至少三个,最多五个。客人多至十个时,就加煮两炉。)喝茶要趁热喝、连续喝。因为茶水中的重浊渣滓凝聚在下面,精华漂浮在上面。如果凉了,精华也会随热气散发消失,就算连着喝也是一样。

茶的品性俭朴,不适合多加水,水加多了茶味就淡薄无味。就像满满的一碗茶,只喝一半就感觉味道平淡了,何况加多了水的茶呢!好茶水的颜色是淡黄的,香醇而味美,(作者原注:香而美就叫馢。馢,音为使。)味道甘甜的,是槚;不甜并且发苦的,叫荈;喝在嘴里发苦而咽下后回甘的,就叫茶。(作者原注:《本草》说:味道苦而不甜的,是槚;甜而不发苦的是荈。)

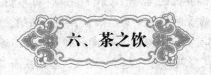

六、茶之饮

【原文】

翼而飞，毛而走，呿①而言，此三者俱生于天地间，饮啄以活，饮之时义远矣哉！至若救渴，饮之以浆；蠲②忧忿，饮之以酒；荡昏寐，饮之以茶。

茶之为饮，发乎神农氏，闻于鲁周公。齐有晏婴，汉有扬雄、司马相如，吴有韦曜，晋有刘琨、张载、远祖纳、谢安、左思之徒，皆饮焉。滂③时浸俗，盛于国朝，两都并荆渝间，以为比屋之饮。

饮有粗④茶、散茶、末茶、饼茶者，乃斫、乃熬、乃炀、乃舂，贮于瓶缶之中，以汤沃焉，谓之痷茶⑤。或用葱、姜、枣、橘皮、茱萸、薄荷之等，煮之百沸，或扬令滑，或煮去沫。斯沟渠间弃水耳，而习俗不已。

【注释】

①呿(qū)：张嘴的样子。 ②蠲(juān)：免除，清除。③滂：水势浩大，这里引申为浸润之意。 ④粗(cū)：即"粗"。 ⑤痷(ān)茶：用水浸泡茶叶。

【译文】

有羽翼、能飞翔的禽鸟，有皮毛、能奔跑的兽类，能张嘴、会说话的人类，这三者都生活在天地之间，凭借饮食维持生命，可见"饮"的意义有多久远了。要解口渴，就要喝汤水；要排除忧闷，就要喝酒；要扫除睡意，就要喝茶。

茶作为饮料，发源于神农氏时期，因鲁周公而闻名天下。春秋之际齐国的晏婴，汉代的扬雄、司马相如，三国东吴的韦曜，两晋时期的刘琨、张载，远祖陆纳，谢安、左思等人物都喜爱饮茶。经过长时间的传播，饮茶逐渐成为一种习俗，并在唐朝时盛行起来。西安、洛阳东西二都以及江陵、重庆一带，更是家家户户都饮茶。

饮用的茶分为粗茶、散茶、末茶、饼茶。这些茶都要经过采摘、蒸熬、焙烤，舂碾等过程，然后贮藏在瓶子、瓦罐里，用开水冲泡，这叫作浸泡茶。有的人则把葱、姜、枣、橘皮、茱萸、薄荷等东西，加水久煮沸腾，或者通过扬起茶汤的方式让茶汤变得柔滑，或者以烹煮的方式撇去茶汤表面的浮沫。这样的茶汤就像是沟渠里的废水，但这种习俗至今都流行不止。

【原文】

於戏！天育万物，皆有至妙。人之所工，但猎浅易。所庇者屋，屋精极；所著者衣，衣精极；所饱者饮食，食与酒皆精极之。茶有九难：一曰造，二曰别，三曰器，四曰火，五曰水，六曰炙，七曰末，八曰煮，九曰饮。阴采夜焙，非造也；嚼味嗅香，非别也；膻鼎腥瓯，非器也；膏薪庖炭，非火也；飞湍壅潦[①]，非水也；外熟内生，非炙也；碧粉缥尘，非末也；操艰搅遽，非煮也；夏兴冬废，非饮也。

夫珍鲜馥烈者，其碗数三。次之者，碗数五。若座客数至五，行三碗；至七，行五碗；若六人已下，不约碗数，但阙一人而已，其隽永补所阙人。

【注释】

①潦（lǎo）：积水。

唉！天地孕育的万物，都有它的精妙之处。人们追求的，常常只涉及浅显易懂的东西。人们居住的房屋，现在已经能建造得非常精巧了；人们身穿的衣服，现在已经能做得非常精致了；人类填饱肚子的饮品食物，食物和酒水的味道已经制作得非常精美了。但茶要做到精美有九大难处：一是采摘制作，二是鉴别品评，三是器具，四是用火，五是选水，六是炙烤，七是碾末，八是烹煮，九是饮用。阴雨天采摘和夜里焙烤，不能制出好茶；口嚼辨味，用鼻闻香，不能鉴别茶的品质；有膻腥味的鼎和碗，不是烹制茶的器具；富含油脂的柴与厨房用过的炭，不是烤茶的燃料；飞流湍急的水或淤滞不流的水，不是煮茶的水；把茶饼烤得外熟里生，不是炙烤茶饼的好方法；碾出的茶末太细且颜色青白，不是好茶末；煮茶操作不熟练或搅拌速度太快，不能算是会煮茶；夏天喝茶冬天不喝，不是饮茶的好习惯。

滋味鲜醇、馨香袭人的好茶，一炉只有三碗。差一些的，一炉能有五碗。如果上座的客人达到五位，就舀出三碗分饮；上座的客人达到七位，就舀出五碗分饮；如果是六人以下，则不约定舀出的碗数，只要按少一个人来计算就行，最先舀出的那碗"隽永"能够补充少算的那一份。

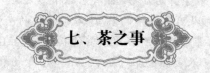

七、茶之事

【原文】

　　三皇　炎帝神农氏

　　周　鲁周公旦，齐相晏婴

　　汉　仙人丹丘子，黄山君，司马文园令相如，扬执戟雄

　　吴　归命侯，韦太傅弘嗣

　　晋　惠帝，刘司空琨，琨兄子兖州刺史演，张黄门孟阳，傅司隶咸，江洗马统，孙参军楚，左记室太冲，陆吴兴纳，纳兄子会稽内史俶，谢冠军安石，郭弘农璞，桓扬州温，杜舍人育，武康小山寺释法瑶，沛国夏侯恺，余姚虞洪，北地傅巽，丹阳弘君举，乐安任育长，宣城秦精，敦煌单道开，剡县陈务妻，广陵老姥，河内山谦之

　　后魏　琅琊王肃

　　宋　新安王子鸾，鸾兄豫章王子尚，鲍昭妹令晖，八公山沙门昙济

　　齐　世祖武帝

　　梁　刘廷尉，陶先生弘景

　　皇朝①　徐英公勣②

【注释】

　　①皇朝：即唐朝。　②勣（jì）：人名。

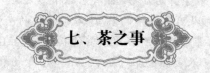

【译文】

三皇　炎帝神农氏

周代　周朝鲁周公旦，齐国宰相晏婴

汉代　仙人丹丘子，黄山君，孝文园令司马相如，执戟黄门侍郎扬雄

三国　东吴归命侯孙皓，太傅韦弘嗣

晋代　晋惠帝司马衷，司空刘琨，刘琨之侄兖州刺史刘演，黄门侍郎张孟阳，司隶校尉傅咸，太子洗马江统，参军孙楚，记室左太冲，吴兴太守陆纳，陆纳之侄会稽内史陆俶，冠军谢安石，弘农太守郭璞，扬州牧桓温，中书舍人杜育，武康小山寺释法瑶，沛国人夏侯恺，余姚人虞洪，北地人傅巽，丹阳人弘君举，乐安人任育长，宣城人秦精，敦煌人单道开，剡县人陈务的妻子，广陵郡的一位老姥，河内人山谦之

北魏　琅琊人王肃

南朝宋　新安王刘子鸾，鸾兄豫章王刘子尚，鲍昭的妹妹鲍令晖，八公山和尚昙济

南朝齐　世祖武帝萧赜

南朝梁　廷尉卿刘孝绰，贞白先生陶弘景

唐代　英国公徐勣

【原文】

《神农食经》：茶茗久服，令人有力、悦志。

周公《尔雅》：槚，苦荼。

《广雅》云：荆、巴间采叶作饼，叶老者，饼成，以米膏出之。欲煮茗饮，先炙令赤色，捣末置瓷器中，以汤浇覆之，用葱、姜、橘子芼①之。其饮醒酒，令人不眠。

《晏子春秋》：婴相齐景公时，食脱粟之饭，炙三弋②、五卵，茗菜而已。

司马相如《凡将篇》：乌喙、桔梗、芫华、款冬、贝母、木蘗、蒌、芩草、芍药、桂、漏芦、蜚廉、雚菌、荈诧、白敛、白芷、菖蒲、芒消、莞椒、茱萸。

《方言》：蜀西南人谓茶曰蔎。

《吴志·韦曜传》：孙皓每飨宴，坐席无不率以七升为限，虽不尽入口，皆浇灌取尽。曜饮酒不过二升，皓初礼异，密赐茶荈以代酒。

《晋中兴书》：陆纳为吴兴太守时，卫将军谢安常欲诣纳，（原注：《晋书》云：纳为吏部尚书。）纳兄子俶怪纳无所备，不敢问之，乃私蓄十数人馔。安既至，所设唯茶果而已。俶遂陈盛馔，珍羞必具。及安去，纳杖俶四十，云："汝既不能光益叔父，奈何秽吾素业？

《晋书》：桓温为扬州牧，性俭，每燕饮，唯下七奠③拌④茶果而已。

《搜神记》：夏侯恺因疾死。宗人字苟奴察见鬼神。见恺来收马，并病其妻。著平上帻⑤、单衣，入坐生时西壁大床，就人觅茶饮。

【注释】

①芼（mào）：拌匀。 ②弋：指禽类卵。 ③奠（dìng）：同"饤"，盛装食物器皿的量词。 ④拌（pán）：同"盘"。⑤帻（zé）：武官佩戴的一种平顶头巾。

【译文】

《神农食经》中记载：长期喝茶，能让人身体强壮有力、精神愉悦。

周公《尔雅》中记载：槚，就是苦茶。

《广雅》中记载：荆州、巴州一带的人采摘茶叶制作茶饼时，叶子老了，就将米膏掺合在一起制饼。想煮茶喝，先把茶饼烤成赤红色，捣成碎末放到瓷器里，加入开水浸泡，并放一些葱、姜、橘子等拌匀。喝这样的茶可以醒酒，还会让人兴奋得睡不着觉。

《晏子春秋》中记载：晏婴在给齐景公做相国时，吃的是粗米饭，一些烤熟的禽鸟蛋、茶与蔬菜。

司马相如的《凡将篇》中记载：乌喙、桔梗、芫华、款冬、贝母、木蘗、蒌、芩草、芍药、桂、漏芦、蜚廉、雚菌、荈诧、白敛、白芷、菖蒲、芒消、莞椒、茱萸。

《方言》中记载：四川西南部的人把茶叫作蔎。

《吴志·韦曜传》中记载：孙皓每次摆酒设宴，总是规定入座的客人都要喝满七升酒，即使不全部喝下去，也要把酒器中的酒浇灌完毕。韦曜酒量不足二升，孙皓起初给他特殊的礼遇，暗中赏赐他以茶代酒。

《晋中兴书》中记载：陆纳担任吴兴太守时，卫将军谢安曾想拜访他。（作者原注：《晋书》说：陆纳担任的是吏部尚书。）他的侄儿陆俶为他未做招待客人的准备而感到奇怪，但又不敢问他，就私下准备了十来个人的酒菜。谢安来了，陆纳只摆上了茶和果品招待。陆俶便把丰盛的酒菜端了上来，各种珍馐美味样样齐全。等到谢安告辞后，陆纳打了陆俶四十板子，说："你既然不能给叔父增光，为何还要玷污我素来俭朴的操行呢？

《晋书》中记载：桓温担任扬州牧时，品性俭朴，每次宴请客人，只摆上七盘茶果而已。

《搜神记》中记载：夏侯恺患病去世。同族一个字苟奴的人能够看见鬼魂。他看见夏侯恺前来取马匹，并让他的妻子得了病。苟奴看见夏侯恺戴着平顶帽，穿着单衣，坐在活着的时候常坐的靠西墙的大床上，吩咐下人找茶水给他喝。

【原文】

刘琨《与兄子南兖州刺史演书》云：前得安州干姜一斤，桂一斤，黄芩一斤，皆所须也。吾体中愦闷①，常仰真茶，汝可置之。

傅咸《司隶教》曰：闻南市有蜀妪作茶粥卖，为廉事②打破其器具，后又卖饼于市。而禁茶粥以困蜀姥，何哉？

《神异记》：余姚人虞洪，入山采茗，遇一道士，牵三青牛，引洪至瀑布山曰："吾，丹丘子也。闻子善具饮，常思见惠。山中有大茗，可以相给，祈子他日有瓯牺之余，乞相遗也。"因立奠祀。后常令家人入山，获大茗焉。

左思《娇女诗》：吾家有娇女，皎皎颇白皙。小字为纨素，口齿自清历。有姊字惠芳，眉目粲如画。驰骛翔园林，果下皆生摘。贪华风雨中，倏忽数百适。心为茶荈剧，吹嘘对鼎铄③。

张孟阳《登成都楼》诗云：借问扬子舍，想见长卿庐。程卓累千金，骄侈拟五侯。门有连骑客，翠带腰吴钩。鼎食随时进，百和妙且殊。披林采秋橘，临江钓春鱼。黑子过龙醢④，果馔逾蟹蝑⑤。芳茶冠六清，溢味播九区。人生苟安乐，兹土聊可娱。

傅巽《七诲》：蒲桃宛柰⑥，齐柿燕栗，峘阳⑦黄梨，巫山朱橘，南中茶子，西极石蜜。

弘君举《食檄》：寒温既毕，应下霜华之茗；三爵而终，应下诸蔗、木瓜、元李、杨梅、五味、橄榄、悬豹，葵羹各一杯。

孙楚《歌》：茱萸出芳树颠，鲤鱼出洛水泉。白盐出河东，美豉出鲁渊。姜、桂、茶荈出巴蜀，椒、橘、木兰出高山。蓼⑧苏出沟渠，精稗出中田⑨。

【注释】

①愦（kuì）闷：烦闷，郁闷。 ②廉事：官吏职位名。③鼎铴（lì）：煮茶的锅鼎。 ④醢（nǎi）：肉酱。 ⑤蟹蝑（xū）：蟹肉酱。 ⑥柰（nài）：沙果，味似苹果。 ⑦峘（héng）阳：地名。峘，通"恒"。 ⑧蓼（liǎo）：一种带辛味的佐料。⑨中田：即田中。

【译文】

刘琨在《与兄子南兖州刺史演书》中说：先前收到你寄来的一斤安州干姜、一斤肉桂、一斤黄芩，这些都是我需要的。我内心烦闷，常想喝点真正的茶来提神，你可多置备一些。

傅咸在《司隶教》中说：听说南市有个四川的老妇人煮茶粥来卖，官员们打破了她制粥的器具，老妇人后来又在市场上卖饼。禁止卖茶粥来为难这位老妇人，这是为什么呢？

《神异记》中记载：余姚人虞洪，到山里采摘茶叶，遇见一名道士，牵着三头青牛。道士带着虞洪到瀑布山说："我叫丹丘子，听说你善于煮茶，常常想请你送我点茶喝。这山里有大茶树，可以供你采摘，希望以后你的茶杯中有多余的茶水时，能送我一些。"虞洪因而在家中立了丹丘子的牌位并经常用茶奠祀。后来他经常让家里人进山采茶，果然发现了大茶树。

左思《娇女诗》写道：我家有位娇娇女，皮肤白皙很洁净。女儿小名叫纨素，口齿伶俐又清晰。有个姐姐叫惠芳，眉眼传神美如画。欢呼雀跃园林中，生果也都摘下。恋花不论风雨中，顷刻进出百余次。茶汤未开心焦急，对着炉火直吹气。

张孟阳的《登成都楼》诗写道：请问扬雄故居在哪里？设想司马相如的故居是什么模样？程卓两大豪门累积了千金巨财，骄横奢侈程度堪比王侯之家。他们的门外常常有连骑前来的贵客，嵌有翠玉的腰带上还佩带着吴钩宝剑。家中各类精美的食物按时节送入，百味调和，精美绝伦。秋天进入树林里采摘橘子，春天来到江边垂钓鲜鱼。黑子胜过龙肉酱，瓜果菜肴比蟹肉强。芬芳的茶香胜过各种饮品，美味传遍了整个天下。如果人生只为寻求安乐，成都这片土地还是能供人们娱乐的。

傅巽的《七诲》中记载：蒲地的桃子，宛地的沙果，齐地的柿子，燕地的粟子，恒阳的黄梨，巫山的红橘，南中的茶子，西域的石蜜。

弘君举的《食檄》写道：寒暄过后，就应该斟上沫白如霜的好茶；喝完三杯后，应奉上甘蔗、木瓜、元李、杨梅、五味子、橄榄、悬豹，以及葵羹各一杯。

孙楚的《歌》写道：茱萸生长在芳树尖上，鲤鱼出自洛水泉中。白盐出于河东，美味的豆豉出于鲁渊。姜、桂、茶叶产在巴蜀地区，椒、橘、木兰长在高山之中。蓼苏生长在沟渠里，精细的白米长在田中。

【原文】

华佗《食论》：苦茶久食，益意思。

壶居士《食忌》：苦茶久食，羽化；与韭同食，令人体重。

郭璞《尔雅注》云：树小似栀子，冬生叶可煮羹饮。今呼早取为茶，晚取为茗，或一曰荈，蜀人名之苦茶。

《世说》：任瞻，字育长，少时有令名，自过江失志[1]。既下饮，问人云："此为茶？为茗？"觉人有怪色，乃自申明云："向问饮为热为冷。"

《续搜神记》：晋武帝世，宣城人秦精，常入武昌山采茗。遇一毛人，长丈余，引精至山下，示以丛茗而去。俄而复还，乃探怀中橘以遗精。精怖，负茗而归。

《晋四王起事》：惠帝蒙尘还洛阳，黄门以瓦盂盛茶上至尊。

《异苑》：剡县陈务妻，少与二子寡居，好饮茶茗。以宅中有古冢，每饮辄先祀之。二子患之曰："古冢何知？徒以劳意！"欲掘去之。母苦禁而止。其夜，梦一人云："吾止此冢三百余年，卿二子恒欲见毁，赖相保护，又享吾佳茗，虽潜壤朽骨，岂忘翳桑之报！"及晓，于庭中获钱十万，似久埋者，但贯新耳。母告二子，惭之，从是祷馈愈甚。

《广陵耆老传》：晋元帝时有老姥，每旦独提一器茗，往市鬻[2]之，市人竞买。自旦至夕，其器不减，所得钱散路傍孤贫乞人，人或异之。州法曹絷[3]之狱中。至夜，老姥执所鬻茗器，从狱牖中飞出。

【注释】

①失志：失去神智，形容人恍恍惚惚的样子。 ②鬻（yù）：卖。 ③絷（zhí）：抓捕，拘捕。

【译文】

华佗的《食论》中记载：长期喝茶，对思维有好处。

壶居士的《食忌》中记载：长期喝茶，可以羽化成仙；如与韭菜一起吃，会增加体重。

　　郭璞在《尔雅注》中说：茶树矮小像栀子，冬天生长的树叶可以煮汤饮用。现在人们把早采摘的叫作茶，晚采摘的叫作荈，还有一种叫法叫作荈，蜀地的人把它们叫作苦茶。

　　《世说》中记载：任瞻，字育长，年少时就有好名声。自从北方过江南渡后就精神恍惚，失去了神智。一次喝茶时，他问人说："这是茶，还是茗？"看到别人脸上神色怪异时，便自己申辩说："我刚刚问茶是热的还是凉的。"

　　《续搜神记》中记载：西晋武帝时，宣城人秦精经常到武昌山中采摘茶叶。一次遇见一个毛人，身高一丈多，毛人引他到一座山峰下，把一丛茶树指给他看以后就走开了。过了一会儿毛人又回来，还从怀里掏出橘子送给秦精。秦精感到害怕，背着茶叶就回去了。

　　《晋四王起事》中记载：惠帝逃难回到洛阳宫中时，黄门用瓦罐装茶给他喝。

　　《异苑》中记载：剡县陈务的妻子，年轻时带着两个儿子守寡，喜欢喝茶。因为家里有一座古墓，每次喝茶都要先向古墓奠祀。两个儿子对此感到厌烦，说："古墓知道什么？白费功夫罢了。"于是便想挖掉古墓。母亲苦苦劝说才终于作罢。当天夜里，母亲梦见一个人对她说："我在这墓冢里住了三百多年，您的两个儿子总想毁掉它，多亏了有你保护，还常常拿好茶给我享用，我虽是埋于土壤中的枯骨，但也不会忘记报答您的恩情。"到了早晨，她在院子里获得了十万枚铜钱，好像埋了很长时间一样，但穿钱的绳子却是新的。她把这件事告诉两个儿子，两个儿子心生惭愧，从此更加虔心地向古墓奉茶祭奠。

《广陵耆老传》中记载：晋元帝时有位老妇人，每天早晨独自提着一壶茶水，到市场上去卖，市场里的人们竞相购买。从早晨卖到晚上，壶里的茶水却丝毫不减少，卖茶的钱都散发给路旁的孤苦贫民和乞丐。有人对此感到怪异。州郡的官员于是把她抓进了牢中。到了夜里，这老妇人便提着卖茶的壶，从牢狱的窗口飞了出去。

【原文】

《艺术传》：敦煌人单道开，不畏寒暑，常服小石子。所服药有松、桂、蜜之气，所饮茶苏而已。

释道说《续名僧传》：宋释法瑶，姓杨氏，河东人。元嘉中过江，遇沈台真，请真君武康小山寺，年垂悬车①，饭所饮茶。大明中，敕吴兴礼致上京，年七十九。

宋《江氏家传》：江统，字应元，迁愍怀太子②洗马，尝上疏。谏云："今西园卖醯③、面、蓝子、菜、茶之属，亏败国体。"

《宋录》：新安王子鸾、豫章王子尚诣昙济道人于八公山，道人设茶茗。子尚味之，曰："此甘露也，何言茶茗？"

王微《杂诗》：寂寂掩高阁，寥寥空广厦。待君竟不归，收领今就槚。

鲍照妹令晖著《香茗赋》。

南齐世祖武皇帝遗诏：我灵座上慎勿以牲为祭，但设饼果、茶饮、干饭、酒脯而已。

【注释】

①悬车：指太阳落山的时候，也用来形容人年事已高。②愍（mǐn）怀太子：系晋惠帝之子。③醯（xī）：醋。

《艺术传》中记载：敦煌人单道开，不畏惧严寒酷暑，经常吃小石子，他服用的药有松、桂、蜜的气息，所喝的也只是茶和紫苏汤而已。

释道说在《续名僧录》讲道：南朝宋有个叫法瑶的和尚，姓杨，河东人氏。元嘉年间从北方渡江到南方，遇见了沈台真君，并请真君到武康小山寺，法瑶当时年事已高，以饮茶当饭。大明年间，南朝宋孝武帝下诏给吴兴的官吏，将法瑶送礼进京，这时，法瑶已七十九岁。

南朝宋《江氏家传》中记载：江统，字应元，迁升为愍怀太子洗马时，曾经上书劝谏太子说："现在西园里售卖醋、面、篮子、菜、茶之类的东西，有损国家体统。"

《宋录》中记载：新安王刘子鸾，豫章王刘子尚，在八公山拜见昙济道长，道长摆茶招待了他们。刘子尚品尝后说："这就是甘露啊，为什么叫它茶呢？"

王微在《杂诗》中写道：轻轻地关上楼阁的门，冷清的楼宇空空荡荡。等你许久却始终未回，只能收起愁绪去喝茶。

鲍照的妹妹鲍令晖著有《香茗赋》。

南齐世祖武皇帝在《遗诏》中言道：我的灵座前千万不要用摆牛羊牲品来祭奠，只要供奉饼果、茶茗、干饭、酒脯就可以了。

【原文】

梁刘孝绰《谢晋安王饷米等启》：传诏李孟孙宣教旨，垂赐米、酒、瓜、笋、菹^①、脯、酢^②、茗八种。气苾^③新城，味芳云松。江潭抽节，迈昌荇之珍；疆埸^④擢翘，越葺精之美。羞非纯^⑤束野麏^⑥，裹^⑦似雪之驴。鲊^⑧异陶瓶河鲤，操如琼之粲。茗同食粲，酢类望柑。免千里宿舂，省三月粮聚。小人怀惠，大懿难忘。

陶弘景《杂录》：苦茶轻身换骨，昔丹丘子、黄山君服之。

《后魏录》：琅琊王肃仕南朝，好茗饮、莼羹。及还北地，又好羊肉、酪浆。人或问之："茗何如酪？"肃曰："茗不堪与酪为奴。"

《桐君录》：西阳、武昌、庐江、晋陵好茗，皆东人作清茗。茗有饽，饮之宜人。凡可饮之物，皆多取其叶，天门冬、拔揳⑨取根，皆益人。又巴东别有真茗茶，煎饮令人不眠。俗中多煮檀叶并大皂李作茶，并冷。又南方有瓜芦木，亦似茗，至苦涩，取为屑茶饮，亦可通夜不眠。煮盐人但资此饮，而交、广最重，客来先设，乃加以香芼辈⑩。

【注释】

①菹（zū）：腌菜。　②酢（cù）："醋"的古字。　③苾（bì）：芬芳，芳香。　④疆埸（yì）：田界。大界为疆，小界为埸。　⑤纯（tún）：包裹，包装。　⑥麋（mǐ）：同"麋"，獐。⑦褒（yì）：缠绕，缠裹。　⑧鲊（zhǎ）：类似腌鱼之类的食物。　⑨拔揳（bá qiā）：即菝葜，一种药材，别名金刚骨。⑩香芼（mào）辈：指各类调味香料。

【译文】

南朝梁刘孝绰在《谢晋安王饷米等启》中写道：传诏官李孟孙宣读了您的教旨，赏赐我米、酒、瓜、笋、腌菜、肉干、醋、茶这八种食物。醇香的美酒，就像新城、云松的佳酿一样。江滨新长的竹笋，可以与菖蒲、荇菜等珍馐媲美；田间地头的瓜果，味道超过了精心置办的美味。送来的肉脯虽然不是用白茅捆束的獐鹿，但也是包装精美的雪白肉干。腌鱼胜过用陶制瓶子盛装的河鲤，馈赠的大米就像美玉一样晶莹。茶与米一样好，望见馈赠的陈醋，就像看到柑橘一样让人胃口大开。您赏赐的东西这么多，即使我远行千里，也不必再去采买干粮了。我记着您对我的恩惠，您的大德我永远不会忘记。

陶弘景在《杂录》中说：苦茶可以让人轻身换骨，过去的丹丘子、黄山君就经常饮用。

《后魏录》中记载：琅琊人王肃在南朝为官，爱喝茶和莼菜汤。等到回北方时，又爱吃羊肉、喝酪浆。有人问他：“茶比酪浆怎么样？”王肃说：“茶给酪浆做奴隶都不配。”

《桐君录》中记载：西阳、武昌、庐江、晋陵等地的人都爱喝茶，来客人时主人就烹煮清茶招待。茶水里有沫饽，喝了对人体有好处。凡是可以做饮料的植物，大都是选取它的叶子。天门冬、菝葜取的是根，对人都有好处。巴东地区还有一种真正的茗茶，煎煮后饮用能使人兴奋得睡不着觉。民间有用檀树叶和大皂李制茶的风俗，喝起来都很清凉。南方还有种叫瓜芦木的，也很像茶，味道非常苦涩，摘取后研磨成末当茶喝，也可使人彻夜不眠。煮盐的人专门拿它当饮料喝，并以交州、广州两地的人们最为重视，客人来了先要摆上这种饮料，还要加入各类调味香料。

【原文】

《坤元录》：辰州溆浦县西北三百五十里无射山，云蛮俗当吉庆之时，亲族集会歌舞于山上。山多茶树。

《括地图》：临蒸县东一百四十里有茶溪。

山谦之《吴兴记》：乌程县西二十里，有温山，出御荈。

《夷陵图经》：黄牛、荆门、女观、望州等山，茶茗出焉。

《永嘉图经》：永嘉县东三百里有白茶山。

《淮阴图经》：山阳县南二十里有茶坡。

《茶陵图经》云：茶陵者，所谓陵谷生茶茗焉。

《本草·木部》：茗，苦茶。味甘苦，微寒，无毒。主瘘①疮，利小便，去痰渴热，令人少睡。秋采之苦，主下气消食。注云：春采之。

《本草·菜部》：苦菜，一名茶，一名选，一名游冬，生益州川谷，山陵道傍，凌冬不死。三月三日采，干。注云②：疑此即是今茶，一名茶，令人不眠。《本草》注：按《诗》云"谁谓茶苦"，又云"堇茶如饴"，皆苦菜也。陶谓之苦茶，木类，非菜流。茗春采，谓之苦槚（原注：途遐反）。

《枕中方》：疗积年瘘，苦茶、蜈蚣并炙，令香熟，等分，捣筛，煮甘草汤洗，以末傅之。

《孺子方》：疗小儿无故惊蹶，以苦茶、葱须煮服之。

【注释】

①瘘（lòu）：瘘管。　②注云：此处为《本草》照录陶弘景《神农本草经集注》中的文字。

【译文】

《坤元录》中记载：辰州溆浦县西北方向三百五十里有座无射山，据说当地少数民族有一种风俗，在吉庆时日，亲戚族友要聚集在山上一起唱歌跳舞。山中长有许多茶树。

《括地图》中记载：临蒸县东面一百四十里有条茶溪。

山谦之的《吴兴记》中记载：乌程县西面二十里，有座温山，出产贡茶。

《夷陵图经》中记载：黄牛、荆门、女观、望州等山，都是出产茶叶的地方。

《永嘉图经》中记载：永嘉县东面三百里有座白茶山。

《淮阴图经》中记载：山阳县南面二十里有一处生长茶树的山坡。

《茶陵图经》中记载：茶陵，说的就是陵谷之中盛产茶叶的意思。

《本草·木部》中记载：茗，就是苦茶。味道甘苦，性质微寒，没有毒。主治瘘疮，利尿，去痰、止渴、解热，让人减少睡眠。秋天采的茶味道发苦，主要能通气助消化。原注中说：春天采摘。

《本草·菜部》中记载：苦菜，一种说法叫茶，一种说法叫选，还有一种说法叫游冬，生长在益州的河谷、山陵与路旁，严寒的冬天也冻不死它。第二年三月三日采摘，然后阴干。陶弘景在《神农本草集注》中说：怀疑这就是现在所说的茶，一种说法叫茶，喝了让人无法入眠。《本草》注解：依照《诗经》中所说的"谁说茶苦"以及"董茶如饴"，指的都是苦菜。陶弘景所说的苦茶，是木本植物，并不是蔬菜之流。茗要在春天采摘，并且叫作苦槎（作者原注：音途遐反）。

《枕中方》中记载：治疗多年来的瘘疮，可将茶叶和蜈蚣一起烤，等到烤熟散发香气时，再等分为两份，捣碎过筛，一份粉末加甘草煮水洗患处，另一份粉末直接敷在疮口。

《孺子方》中记载：治疗小儿不明原因的惊厥，可以用苦茶加葱须煮水服用。

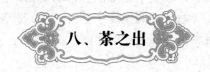

八、茶之出

【原文】

山南①，以峡州上，（原注：峡州生远安、宜都、夷陵三县山谷。）襄州、荆州次，（原注：襄州生南漳县山谷，荆州生江陵县山谷。）衡州下，（原注：生衡山、茶陵二县山谷。）金州、梁州又下。（原注：金州生西城、安康二县山谷。梁州生褒城、金牛二县山谷。）

淮南，以光州上，（原注：生光山县黄头港者，与峡州同。）义阳郡、舒州次，（原注：生义阳县钟山者与襄州同。舒州生太湖县潜山者与荆州同。）寿州下，（原注：盛唐县生霍山者与衡山同也。）蕲州、黄州又下。（原注：蕲州生黄梅县山谷，黄州生麻城县山谷，并与金州、梁州同也。）

浙西，以湖州上，（原注：湖州，生长城县顾渚山谷，与峡州、光州同；生山桑、儒师二坞，白茅山、悬脚岭，与襄州、荆州、义阳郡同；生凤亭山伏翼阁飞云、曲水二寺、啄木岭，与寿州、衡州同；生安吉、武康二县山谷，与金州、梁州同。）常州次，（原注：常州义兴县生君山悬脚岭北峰下，与荆州、义阳郡同；生圈岭善权寺、石亭山，与舒州同。）宣州、杭州、睦州、歙州下，（原注：宣州生宣城县雅山，与蕲州同；太平县生上睦、临睦，与黄州同；杭州，临安、於潜二县生天目山，与舒州同；钱塘生天竺、灵隐二寺，睦州生桐庐县山谷，歙州生婺源山谷，与衡州同。）润州、苏州又下。（原注：润州江宁县生傲山，苏州长洲县生洞庭山，与金州、蕲州、梁州同。）

【注释】

①山南：唐贞观十道之一，下辖州、县。后文淮南、剑南、江南、岭南同。

【译文】

山南道之中，以峡州出产的茶为上品，（作者原注：峡州的茶生长于远安、宜都、夷陵三县的山谷之中。）襄州、荆州出产的茶要次一些，（作者原注：襄州的茶生长于南漳县山谷中，荆州的茶生长于江陵县山谷中。）衡州出产的茶差一些，（作者原注：衡州的茶生长于衡山、茶陵二县的山谷中。）金州、梁州出产的茶又差一些。（作者原注：金州的茶生长于西城、安康二县的山谷中。梁州的茶生长于褒城、金牛二县的山谷中。）

淮南道之中，以光州出产的茶为上品，（作者原注：光州的茶生长于光山县的黄头港，品质与峡州茶相同。）义阳郡、舒州出产的茶要次一些，（作者原注：义阳郡的茶生长于信阳县钟山，品质与襄州茶相同。舒州的茶生长于太湖县潜山，品质与荆州茶相同。）寿州出产的茶差一些，（作者原注：寿州的茶生长于盛唐县霍山，品质与衡州茶相同。）蕲州、黄州出产的茶又差一些。（作者原注：蕲州的茶生长于黄梅县山谷，黄州的茶生长于麻城县山谷，都与金州、梁州的茶品质相同。）

浙西地区，以湖州出产的茶为上品，（作者原注：湖州的茶生长于长城县顾渚山谷中，与峡州茶、光州茶品质一样；如果生长于山桑、儒师二坞，以及白茅山、悬脚岭，则与襄

茶经·续茶经

州茶、荆州茶、义阳郡茶品质一样；如果生长于凤亭山、伏翼阁、飞云寺、曲水寺、啄木岭，则与寿州茶、衡州茶品质一样；如果生长于安吉和武康两县的山谷中，则与金州茶、梁州茶品质一样。）常州出产的茶要次一些。（作者原注：常州义兴县生长在君山悬脚岭北峰下的茶，与荆州茶、义阳郡的茶品质一样；生长于圈岭善权寺、石亭山的茶，与舒州茶的品质一样。）宣州、杭州、睦州、歙州出产茶差一些，（作者原注：宣州生长于宣城县雅山的茶，与蕲州茶品质一样；生长于太平县上睦、临睦的茶，与黄州茶品质一样；杭州临安、於潜二县生长于天目山的茶，与舒州茶品质一样；生长于钱塘县天竺寺、灵隐寺，睦州桐庐县山谷，歙州婺源县山谷等地的茶，都与衡州茶品质一样。）润州、苏州出产的茶又差一些。（作者原注：生长于润州江宁县傲山，苏州长洲县洞庭山的茶，都与金州茶、蕲州茶、梁州茶品质一样。）

【原文】

剑南，以彭州上，（原注：生九陇县马鞍山至德寺、棚口，与襄州同。）绵州、蜀州次，（原注：绵州龙安县生松岭关，与荆州同；其西昌、昌明、神泉县西山者并佳；有过松岭者不堪采。蜀州青城县生丈人山，与绵州同。青城县有散茶、檫。）邛州次，雅州、泸州下，（原注：雅州百丈山、名山，泸州泸川者，与金州同也。）眉州、汉州又下。（原注：眉州丹棱县生铁山者，汉州绵竹县生竹山者，与润州同。）

浙东，以越州上，（原注：余姚县生瀑布泉岭曰仙茗，大者殊异，小者与襄州同。）明州、婺州次，（原注：明州鄮县①生榆荚村，婺州东阳县东白山与荆州同。）台州下。（原注：台州始丰县生赤城者，与歙州同。)

　　黔中，生思州、播州、费州、夷州。

　　江南，生鄂州、袁州、吉州。

　　岭南，生福州、建州、韶州、象州。（原注：福州生闽县方山之阴也。）

　　其思、播、费、夷、鄂、袁、吉、福、建、韶、象十一州未详，往往得之，其味极佳。

【注释】

　　①鄮县：宁波的古称，读音不详。

【译文】

　　剑南道之中，以彭州出产的茶为上品，（作者原注：生长于九陇县马鞍山至德寺、棚口的茶，与襄州茶品质一样。）绵州、蜀州出产的茶要次一些，（作者原注：生长于绵州龙安县松岭关的茶叶，与荆州茶品质一样；生长于西昌、昌明、神泉县西山的茶，品质也都非常好；松岭以西的茶就不值得采摘。生长于蜀州青城县丈人峰的茶，与绵州茶品质一样。青城县还产有散茶、榝。）邛州的茶要次一些，雅州、泸州的茶差一些，（作者原注：生长于雅州百丈山、名山，泸州泸川的茶，与金州茶品质一样。）眉州、汉州出产的茶又差一些。（作者原注：生长于眉州丹棱县铁桶山，汉州绵竹县竹山等地的茶，与润州茶品质一样。）

　　浙东地区，以越州出产的茶为上品，（作者原注：生长于余姚县瀑布泉岭的茶叫仙茗，叶片大的品质特别优异，叶片小的与襄州茶品质一样。）明州、婺州出产的茶要次一些，（作者原注：生长于明州鄮县榆筴村、婺州东阳县东白山的茶，与荆州茶品质一样。）台州出产的茶要差一些。（作者原注：生长于台州始丰县赤城峰的茶，与歙州茶品质一样。）

黔中地区，茶生长于思州、播州、费州、夷州。

　　江南道之中，茶生长于鄂州、袁州、吉州。

　　岭南道之中，茶生长于福州、建州、韶州、象州。（作者原注：福州茶主要生长于闽县方山的北坡。）

　　上述思州、播州、费州、夷州、鄂州、袁州、吉州、福州、建州、韶州、象州十一州生长的茶叶的具体情况还不清楚，但常常能够获得一些，品尝过觉得味道很好。

九、茶之略

【原文】

其造具，若方春禁火①之时，于野寺山园，丛手而掇，乃蒸，乃舂，乃拍，以火干之，则又棨、扑、焙、贯、棚、穿、育等七事皆废。

其煮器，若松间石上可坐，则具列废。用槁薪、鼎𬭚之属，则风炉、灰承、炭挝、火筴、交床等废。若瞰泉临涧，则水方、涤方、漉水囊废。若五人已下，茶可末而精者，则罗合废。若援藟②跻岩，引𬭩③入洞，于山口炙而末之，或纸包合贮，则碾、拂末等废。既瓢、碗、竹筴、札、熟盂、鹾簋悉以一筥盛之，则都篮废。

但城邑之中，王公之门，二十四器阙一，则茶废矣。

【注释】

①禁火：即寒食节。 ②藟（lěi）：藤蔓。 ③𬭩（gēng）：通"绠"，绳索，绳子。

【译文】

关于制茶的工具，如果恰逢春季寒食节，就在野外的寺院或者山间的茶园中，大家一起动手采摘，并且当即蒸茶，舂捣，用火烘干，那么，棨、扑、焙、贯、棚、穿、育这七种器具都可以省略。

关于煮茶的工具，如果松林里有石头可以放置茶具，就可以不使用具列。如果用干柴、鼎锅之类的东西煮茶，那么风炉、灰承、炭挝、火筴、交床就可以不用。如果在泉水旁或者溪流边煮茶，那么水方、涤方、漉水囊就可以不用。如果喝茶的人在五人以下，茶叶可以碾成精细的茶末，罗合就不需要使用。如果攀着藤蔓上山，拉着绳子进入山洞煮茶，可以先在山口烤好茶并碾成细末，用纸包裹好或用茶盒装好，那么碾和拂末就可以不用。假如瓢、碗、竹筴、札、熟盂、鹾簋等全用一个筥装好了，都篮就可以不用。

但在城市人家、王公门第之中，煮茶的二十四种器具缺少一样，茶都没法喝。

十、茶之图①

【原文】

　　以绢素或四幅或六幅，分布写之，陈诸座隅，则茶之源、之具、之造、之器、之煮、之饮、之事、之出、之略目击而存，于是《茶经》之始终备焉。

【注释】

　　①图：指抄写了文字，张挂在墙上的挂幅。

【译文】

　　用四幅或者六幅的素色绢缎，把上述内容分别抄写上去，张挂在座位旁边，这样，茶的起源、制茶工具、茶的采制、烹茶工具，煮茶方法、茶的饮用、历代茶事、茶叶产地、茶具省用，随时都能看得见并铭记在心，这样《茶经》的内容从头到尾就都完备了。

一、茶之源

【原文】

《唐书·陆羽传》：羽嗜茶，著经三篇，言茶之源、之具、之造、之器、之煮、之饮、之事、之出、之略、之图尤备，天下益知饮茶矣。

《李太白集·赠族侄僧中孚玉泉仙人掌茶序》：余闻荆州玉泉寺近青溪诸山，山洞往往有乳窟，窟多玉泉交流。中有白蝙蝠，大如鸦。按《仙经》：蝙蝠，一名仙鼠。千岁之后，体白如雪，栖则倒悬，盖饮乳水而长生也。其水边处处有茗草罗生，枝叶如碧玉。惟玉泉真公常采而饮之，年八十馀岁，颜色如桃花。而此茗清香滑熟，异于他茗，所以能还童振枯，扶人寿也。余游金陵，见宗僧中孚示余茶数十片，卷然重叠，其状如掌，号为仙人掌茶。盖新出乎玉泉之山，旷古未觌^①。因持之见贻，兼赠诗，要余答之，遂有此作。俾后之高僧大隐，知仙人掌茶发于中孚禅子及青莲居士李白也。

《皮日休集·茶中杂咏诗序》：自周以降，及于国朝茶事，竟陵子陆季疵言之详矣。然季疵以前称茗饮者，必浑以烹之，与夫瀹^②蔬而啜者无异也。季疵之始为经三卷，由是分其源，制其具，教其造，设其器，命其煮。俾饮之者除痟^③而去疠^④，虽疾医之未若也。其为利也，于人岂小哉？余始得季疵书，以为备矣，后又获其《顾渚山记》二篇，其中多茶事；后又太原温从云、武威段碣之各补茶事十数节，并存于方册。茶之事由周而至于今，竟无纤遗矣。

【注释】

①覯（gòu）：遇见，看见。　②瀹（yuè）：烹煮。　③痟（xiāo）：消渴症，即今糖尿病。　④疬（lì）：一种恶疮。

【译文】

《新唐书·陆羽传》中记载：陆羽爱饮茶，编撰有《茶经》上、中、下三篇，讲述了茶的起源、制茶工具、茶的采制、烹茶工具、煮茶方法、茶的饮用、历代茶事、茶叶产地、茶具省用、茶事挂幅等内容翔实完备，于是天下人渐渐都知道喝茶了。

《李太白集·赠族侄僧中孚玉泉仙人掌茶序》中写道：我听说荆州玉泉寺靠近青溪等众多山峰的地方，山洞里面经常有钟乳洞，钟乳洞中有许多泉水交汇。山洞里还有白色的蝙蝠，大小类似乌鸦。根据《仙经》里的记载：蝙蝠，又叫仙鼠。千年之后的蝙蝠，其身体像雪那么白皙。栖息的时候就倒挂在洞里，大概是因为喝了钟乳洞里的水才能长生不老的。这些泉水的边上到处长满了茶树，枝叶就像碧玉一样。只有玉泉真人经常来采摘茶叶并饮用，所以八十多岁了，面色依旧如桃花一般。这些茶气味清香口感滑熟，不同于其他的茶，所以饮用这种茶能够使人返老还童，延年益寿。我在游览金陵的时候，见到同宗族的僧人中孚给我展示过数十片茶叶，它们的叶片都卷在一起，形状好像手掌，因而被称作仙人掌茶。这大概是玉泉山新出产的品种，过去从未见到过。中孚拿了一些茶送给我，还赠了我一首诗，并要我答诗，因此有了这篇作品，以便后世的高僧与隐者知道，仙人掌茶源于中孚禅子以及青莲居士李白。

《皮日休集·茶中杂咏诗序》中写道：从周朝以来，一直到唐朝的茶事，竟陵子陆羽已经讲得很详细了。不过在陆羽之前所称的饮茶，定是混合了其他草木来烹煮的，与煮菜喝汤没有太大差别。陆羽第一次写了三卷《茶经》，由此分析了茶叶的起源、制作采茶工具的方法，教授了制茶的技术，设置了烹煮的器具，命名了煮茶的方式。饮茶的人因此免除了消渴病和毒疮的病痛，即使是治病的医生也比不上。其带来的益处，难道还小吗？我最初得到陆羽的书时，以为很完备了，后来又得到他的两篇《顾渚山记》，其中提到了很多与茶有关的事情；之后又看到了太原人温从云、武威人段碣之所补充的十来节关于茶事的文字，就将这些一并保存在了方册里面。这样，茶事相关事宜，从周朝到今天都没有什么遗漏了。

【原文】

《封氏闻见记》：茶，南人好饮之，北人初不多饮。开元中，太山灵岩寺有降魔师，大兴禅教。学禅务于不寐，又不夕食，皆许饮茶。人自怀挟，到处煮饮。从此转相仿效，遂成风俗。起自邹、齐、沧、棣，渐至京邑，城市多开店铺，煎茶卖之，不问道俗，投钱取饮。其茶自江淮而来，色额甚多。

《唐韵》：茶字，自中唐始变作茶。

裴汶《茶述》：茶，起于东晋，盛于今朝。其性精清，其味浩洁，其用涤烦，其功致和。参百品而不混，越众饮而独高。烹之鼎水，和以虎形，人人服之，永永不厌。得之则安，不得则病。彼芝术黄精，徒云上药，致效在数十年后，且多禁忌，非此伦也。或曰多饮令人体虚病风。余曰不然。夫物能祛邪，必能辅正，安有蠲①逐聚病而靡裨太和哉？今宇内为土贡实众，而顾渚、蕲阳、蒙山为上，其次则寿阳、义兴、碧涧、潕湖②、衡山，最下有鄱阳、浮梁。今者其精无以尚焉，得其粗者，则下里兆庶，瓯碗粉糅。顷刻未得，则胃腑病生矣。人嗜之若此者，西晋以前无闻焉。至精之味或遗也。因作《茶述》。

【注释】

①蠲（juān）：祛除，免除。 ②潕（yōng）湖：即"灉湖"。

【译文】

《封氏闻见记》中记载：茶饮，南方人爱喝，北方人最初喝得并不多。开元中期时，泰山灵岩寺有一位降魔大师大力发展禅宗。学习参禅务求不能睡觉，也不能吃晚饭，只允许喝茶。于是人们各自携带好茶叶，以便随处都可以煮茶喝。自此以后人们相互效仿，饮茶也逐渐成为一种风俗。从邹州、齐州、沧州、棣州，逐渐流传到京城，城市里许多人都开了店铺，煎煮茶叶来出售，不论是僧人还是凡俗大众，交钱就能取茶饮用。这些茶叶都是从江淮地区运来的，种类与数量都非常多。

《唐韵》中记载："茶"字，从中唐的时候开始，去掉一横成为"茶"字。

裴汶在《茶述》中说道：茶，起源于东晋，盛行于唐朝。茶的性质精良清纯，味道非常淡雅，具有消除烦恼，达到中和的作用。即使掺杂在上百种物品中也无法混淆，能超越众多饮品脱颖而出。用鼎盛水烹煮茶叶，用虎形器具调和，人人服用，永远不厌烦。喝茶能够身体安康，不喝就会身患疾病。那些灵芝、白术、黄精之类的药材，徒有上好药品之名，然而它们的功效在数十年之后才可以显现，而且还有许多服用禁忌，无法与茶相提并论。有的人说喝茶太多容易令人体质发虚且患风病。我认为不是这样。凡是能够祛除邪毒的物品，就一定能辅助正气，又怎么会只祛除了邪气而对身体安康无益呢？现在很多地方都把茶作为土特产进贡给皇帝，顾渚、蕲阳、蒙山的茶品质最好，其次是寿阳、义兴、碧涧、瀍湖、衡山的茶，品质最差的是鄱阳、浮梁的茶。当今茶的精品没有比这些更好的了，即使得到品质较差的粗茶，庶民百姓也交换杯碗，纷纷饮用。一时间喝不到茶，胃肠脏腑就会生病。人们如此喜欢喝茶，在西晋以前是闻所未闻的。这般美味或许会被遗漏，因此我写作《茶述》来介绍此事。

【原文】

宋徽宗《大观茶论》：茶之为物，擅瓯闽之秀气，钟山川之灵禀，祛襟涤滞，致清导和，则非庸人孺子可得而知矣。冲淡闲洁，韵高致静，则非惶遽之时可得而好尚矣。

而本朝之兴，岁修建溪之贡，龙团凤饼[①]，名冠天下，而壑源之品，亦自此而盛。延及于今，百废具举，海内宴然，垂拱密勿，幸致无为。缙绅之士，韦布之流，沐浴膏泽，薰陶德化，咸以雅尚相推，从事茗饮。故近岁以来，采择之精，制作之工，品第之胜，烹点之妙，莫不盛造其极。

呜呼！至治之世，岂惟人得以尽其材，而草木之灵者，亦得以尽其用矣。偶因暇日，研究精微，所得之妙，后人有不知为利害者，叙本末二十篇，号曰《茶论》。一曰地产，二曰天时，三曰择采，四曰蒸压，五曰制造，六曰鉴别，七曰白茶，八曰罗碾，九曰盏，十

茶经·续茶经

曰筅②，十一曰瓶，十二曰杓，十三曰水，十四曰点，十五曰味，十六曰香，十七曰色，十八曰藏，十九曰品，二十曰外焙。

名茶各以所产之地，如叶耕之平园、台星岩，叶刚之高峰、青凤髓，叶思纯之大岚，叶屿之屑山，叶五崇林之罗汉上水桑芽，叶坚之碎石窠、石臼窠（原注：一作穴窠）。叶琼、叶辉之秀皮林，叶师复、师贶之虎岩，叶椿之无双岩芽，叶懋之老窠园，各擅其美，未尝混淆，不可概举。焙人之茶，固有前优后劣、昔负今胜者，是以园地之不常也。

【注释】

①龙团凤饼：即龙凤团茶，系宋朝贡茶。 ②筅（xiǎn）：一种刷锅碗的工具，多为竹制。

【译文】

宋徽宗在《大观茶论》中写道：茶作为一种植物，占有了江浙闽南一带的秀美之气，集聚了山峦江河的灵气禀性，具有祛除胸中抑郁，开阔心胸，从而让人神清气爽、心境平和的作用，这其中的微妙并不是凡夫俗子等平庸之辈能够明白的。煮茶时的淡泊、清闲、高雅与宁静，也不是生活在窘迫与不安之中的人们能够体味的。

自宋朝建立以来，每年都把建溪的茶叶作为贡品，其中龙凤团茶更是名冠天下，壑源的茶品也自此享有盛名。时至今日，国家百废俱兴，海内一派清明，当朝的君臣勤勉治国，让国家有幸达到了无为而治的境地。不管是缙绅官人，还是布衣百姓，都承蒙着天地的恩泽，在美德的熏陶中陶冶品行，都推崇高尚雅致的事情，热衷于品茗饮茶一类的事情。因而近些年来，精心的采摘技术、精巧的制茶工艺、入胜的品鉴之道、绝妙的烹煮手法，无不达到了登峰造极的地步。

　　啊！在这样的治世之中，又何止是人们能够充分发挥才能，连茶叶这种灵秀的草木，也都能各自发挥它们的功用。我偶得闲暇时光，研究了茶事之中的精微之处，感悟到了一些奥妙的东西，想到后世的人可能有不知道茶事之间的利害，所以叙写了茶事的始末，共二十篇，命名为《茶论》。第一写的是地产，第二写的是天时，第三写的是采摘，第四写的是蒸压，第五写的是制造，第六写的是鉴别，第七写的是白茶，第八写的是罗碾，第九写的是盏，第十写的是筅，第十一写的是瓶，第十二写的是杓，第十三写的是水，第十四写的是点，第十五写的是味，第十六写的是香，第十七写的是色，第十八写的是藏，第十九写的是品，第写的二十是外焙。

　　对茶的命名都是按照产地来的，比如说叶耕的平园、台星岩，叶刚的高峰、青凤髓，叶思纯的大岚，叶屿的屑山，叶五崇林罗汉山上的水桑芽，叶坚的碎石窠、石臼窠（作者原注：一种说法叫穴窠）。叶琼、叶辉的秀皮林，叶师复、师贶的虎岩，叶椿的无双岩芽，叶懋的老窠园，这些茶都各有其精美之处，不曾将它们混淆，但也无法一一列举。制茶工人制造出来的茶，本来就有之前品质好而之后品质变差的，也有之前品质差而之后品质胜过以前的，因此产茶的园地也不是长年不变的。

二、茶之具

【原文】

《江西志》：余干县冠山有陆羽茶灶。羽尝凿石为灶，取越溪水煎茶于此。

陶谷《清异录》：豹革为囊，风神呼吸^①之具也。煮茶啜之，可以涤滞思而起清风。每引此义，称之为水豹囊。

《北苑贡茶别录》：茶具有银模、银圈、竹圈、铜圈等。

《群芳谱》：黄山谷云："相茶瓢与相筇竹^②同法，不欲肥而欲瘦，但须饱风霜耳。"

乐纯《雪庵清史》：陆叟溺于茗事，尝为茶论，并煎炙之法，造茶具二十四事，以都统笼贮之。时好事者家藏一副，于是若韦鸿胪、木待制、金法曹、石转运、胡员外、罗枢密、宗从事、漆雕秘阁、陶宝文、汤提点、竺副帅、司职方辈，皆入吾篇中矣。

【注释】

①风神呼吸：像风神一样呼吸，这里指的是鼓风的工具。　②筇（qióng）竹：即罗汉竹。

【译文】

《江西志》中记载：余干县冠山上有陆羽的茶灶。陆羽曾经在这里凿开石头建造了灶台，并舀取越溪水来煎煮茶汤。

陶谷的《清异录》中记载：用豹皮做成的风囊，可以作为鼓风的工具。喝下煎煮的茶汤，能够涤荡不畅的思绪，并形成如沐清风般的愉悦。人们常常据此来引申，称它为水豹囊。

《北苑贡茶别录》中记载：茶具中有银制的模子、银制的圈、竹制的圈、铜制的圈等。

《群芳谱》中记载：黄庭坚说："选茶瓢和选筑竹的方法相同，不要选择太肥厚的，而应该选择较为瘦削的，但必须是饱经风霜的老竹。"

乐纯的《雪庵清史》中记载：陆羽沉湎在茶事之中，曾论及过茶事，兼有煮茶和焙烤的方法和制造的二十四种茶具，并且用都统笼装起来贮藏。今时，喜好茶事的人家都会收藏一整套茶具，因此像韦鸿胪、木待制、金法曹、石转运、胡员外、罗枢密、宗从事、漆雕秘阁、陶宝文、汤提点、竺副帅、司职方等器具，都收进了我的箱笼里面。

【原文】

许次纾《茶疏》：凡士人登山临水，必命壶觞，若茗碗薰炉，置而不问，是徒豪举耳。余特置游装，精茗名香，同行异室。茶罂、铫①、注、瓯、洗、盆、巾诸具毕备，而附以香奁②、小炉、香囊、匙、箸……未曾汲水，先备茶具，必洁，必燥。瀹时壶盖必仰置，磁盂勿覆案上。漆气、食气，皆能败茶。

朱存理《茶具图赞序》：饮之用必先茶，而制茶必有其具。锡③具姓而系名，宠以爵，加以号，季宋之弥文；然精逸高远，上通王公，下逮林野，亦雅道也。愿与十二先生周旋，尝山泉极品以终身，此间富贵也，天岂靳乎哉？

审安老人茶具十二先生姓名：韦鸿胪（原注：文鼎，景旸，四窗闲叟），木待制（原注：利济，忘机，隔竹主人），金法曹（原注：研古，元锴，雍之旧民；铄古，仲鉴，和琴先生），石转运（原注：凿齿，遄行，香屋隐君），胡员外（原注：惟一，宗许，贮月仙翁），罗枢密（原注：若药，传师，思隐寮长），宗从事（原注：子弗，不遗，扫云溪友），漆雕秘阁（原注：承之，易持，古台老人），陶宝文（原注：去越，自厚，兔园上客），汤提点（原注：发新，一鸣，温谷遗老），竺副帅（原注：善调，希默，雪涛公子），司职方（原注：成式，如素，洁斋居士）。

【注释】

①铫（diào）：一种煮器，带柄有嘴。 ②香奁（lián）：泛指盛放东西的匣子。 ③锡：通"赐"，赐予。

【译文】

许次纾的《茶疏》中记载：但凡文人雅士要游山玩水时，必定会带着酒壶和酒杯，至于像茶碗、薰炉之类的则放在一旁不加理睬，这便是在豪饮中游玩。我要外出游玩，会特意准备出游的行装，精选好茶与名贵香料，带着它们一同出行，住下时则异室存放。茶罂、铫子、注、茶瓯、洗、盆、毛巾等物事样样齐备，还附加上香匣子、小炉、香囊、匙、筷子等。在没有汲取泉水之前，就要先准备好茶具，茶具必须是清洁、干燥的。煮茶时必须把壶盖仰放在桌子上，瓷杯不能倒扣着放在案台之上。油漆味、食物的气味等都会破坏茶的本来味道。

朱存理的《茶具图赞序》中记载：饮品的功用，茶叶排在首位，而制茶必须有对应的工具。要为这些用具赐以姓，命以名，并且宠以爵位，加以名号，这是宋朝末年茶事更加崇尚文采的体现；这种做法清逸而高远，上至王公贵族，下到山野村夫，都将它奉为雅道。我希望能够经常与这十二种茶具接触，品尝山泉极品，以此安享终生。这其中的富贵，难道上天还会不舍得赐予我吗？

审安老人的这十二种茶具，姓、名、字、号分别为：韦鸿胪（作者原注：文鼎，景旸，四窗闲叟），木待制（作者原注：利济，忘机，隔竹主人），金法曹（作者原注：研古，元锴，雍之旧民；铄古，仲鉴，和琴先生），石转运（作者原注：凿齿，遄行，香屋隐君），胡员外（作者原注：惟一，宗许，贮月仙翁），罗枢密（作者原注：若药，传师，思隐寮长），宗从事（作者原注：子弗，不遗，扫云溪友），漆雕秘阁（作者原注：承之，易持，古台老人），陶宝文（作者原注：去越，自厚，兔园上客），汤提点（作者原注：发新，一鸣，温谷遗老），竺副帅（作者原注：善调，希默，雪涛公子），司职方（作者原注：成式，如素，洁斋居士）。

【原文】

高濂《遵生八笺》：茶具十六事，收贮于器局内，供役于苦节君者，故立名管之。盖欲归统于一，以其素有贞心雅操，而自能守之也。商像（原注：古石鼎也，用以煎茶），降红（原注：原注：铜火箸也，用以簇火，不用联索为便），递火（原注：铜火斗也，用以搬火），团风（原注：素竹扇也，用以发火），分盈（原注：挹水勺也，用以量水斤两，即《茶经》水则也），执权（原注：准茶秤也，用以衡茶，每勺水二斤，用茶一两），注春（原注：磁瓦壶也，用以注茶），啜香（原注：磁瓦瓯也，用以

啜茗），撩云（原注：竹茶匙也，用以取果），纳敬
（原注：竹茶囊也，用以放盏），漉尘（原注：洗茶
篮也，用以浣茶），归洁（原注：竹筅帚也，用以涤
壶），受污（原注：拭抹布也，用以洁瓯），静沸
（原注：竹架，即《茶经》支镀也），运锋（原注：
劗果刀也，用以切果），甘钝（原注：木礁墩也）。

王友石《谱》：竹炉并分封茶具六事：苦节君（原
注：湘竹风炉也，用以煎茶，更有行省收藏之），建
城（原注：以箬①为笼，封茶以贮庋阁②），云屯（原
注：磁瓦瓶，用以勺泉以供煮水），水曹（原注：即磁
缸瓦缶，用以贮泉，以供火鼎），乌府（原注：以竹为
篮，用以盛炭，为煎茶之资），器局（原注：编竹为方
箱，用以总收以上诸茶具者），品司（原注：编竹为圆
撞提盒，用以收贮各品茶叶，以待烹品者也）。

屠赤水《茶笺》：茶具：湘筠焙（原注：焙茶箱
也），鸣泉（原注：煮茶磁罐），沉垢（原注：古茶
洗），合香（原注：藏日支茶瓶，以贮司品），易持
（原注：用以纳茶，即漆雕秘阁）。

冯可宾《岕茶③笺·论茶具》：茶壶，以窑器为
上，锡次之。茶杯，汝、官、哥、定如未可多得，则适
意为佳耳。

闻龙《茶笺》：茶具涤毕，覆于竹架，俟其自干为
佳。其拭巾只宜拭外，切忌拭内。盖布帨④虽洁，一经
人手，极易作气。纵器不干，亦无大害。

【注释】

①箬（ruò）：一种竹子，可以用来编竹笠。 ②庋（guǐ）
阁：可以放置物品的架子。 ③岕（jiè）茶：有"中国第一历史

名茶"之称。　④帨（shuì）：泛指毛巾手帕之类。

【译文】

　　高濂的《遵生八笺》中记载：十六种茶具，全部收藏在一个箱子里面，供役于湘竹风炉苦节君，为了方便管理，特为每种茶具都取上名字。这样也是为了将它们归于一统，因为茶叶一向具有忠贞的心性和高雅的节操，自然能够恪守。商像（作者原注：古代的石鼎，用来煎茶），降红（作者原注：铜制的火筷，用来簇火，两根中间不连起来，使用更方便），递火（作者原注：铜火斗，用来搬火），团风（作者原注：素竹扇，用来扇火），分盈（作者原注：挹水勺，用来称量水的斤两，就是《茶经》里面说的水则），执权（作者原注：准茶秤，用来衡量茶，每勺茶要用水二斤，用茶一两），注春（作者原注：瓷瓦壶，用来倒茶），啜香（作者原注：瓷瓦瓯，用来喝茶），撩云（作者原注：竹茶匙，用来取果），纳敬（作者原注：竹茶橐，用来放置茶盏），漉尘（作者原注：洗茶篮，用来浣茶），归洁（作者原注：竹筅帚，用来清洗茶壶），受污（作者原注：擦拭的抹布，用来清洁茶瓯），静沸（作者原注：竹架子，就是《茶经》中所说的支镴），运锋（作者原注：劗果刀，用来切水果），甘钝（作者原注：木制碪墩）。

　　王友石的《谱》中记载：竹炉和其他六种茶具：苦节君（作者原注：湘竹做的风炉，可以用来煎茶，也有行省收藏它），建城（作者原注：竹制的笼子，可以将茶叶包裹好放在架子上），云屯（作者原注：瓷瓦制的瓶子，用于舀取泉水供应煮水），水曹（作者原注：瓷瓦制的锅子，用来储存泉水以供煮茶时用），乌府（作者原注：竹制的篮子，可以用来盛装木炭，是煎茶必备的燃料），器局（作者原注：竹制的方形箱子，用来将上述所有茶具收拢归总），品司（作者原注：带提手的竹编圆形盒子，可以用来收藏存放各种茶叶，以便烹煮品尝）。

屠赤水的《茶笺》中记载：茶具包括：湘筠焙（作者原注：烘焙茶叶用的箱子），鸣泉（作者原注：煮茶用的瓷罐），沉垢（作者原注：古代的茶洗），合香（作者原注：收藏日常用的茶瓶，能贮藏各种茶具），易持（作者原注：用来装茶叶，也就是漆雕秘阁）。

冯可宾的《岕茶笺·论茶具》中记载：茶壶之中，窑烧的瓷壶最好，锡制的次之。茶杯之中，如果汝窑、官窑、哥窑、定窑这些地方制造的瓷器如果不能多得，有自己满意的也行。

闻龙的《茶笺》中记载：茶具洗完之后，要倒放在竹架上，等它自行晾干最好。擦拭的抹布只适合擦拭茶具的外面，千万不要擦拭里面。即使抹布很干净，但是只要经过人的手，就容易产生异味。即使喝茶时器具没干，也没有太大关系。

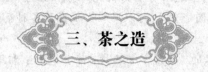

三、茶之造

【原文】

《唐书》：太和七年正月，吴、蜀贡新茶，皆于冬中作法为之。上务恭俭，不欲逆物性，诏所在贡茶，宜于立春后造。

《北堂书钞》：《茶谱》续补云：龙安造骑火茶，最为上品。骑火者，言不在火前，不在火后作也。清明改火，故曰火。

《东溪试茶录》：芽择肥乳，则甘香而粥面著盏而不散。土瘠而芽短，则云脚涣乱，去盏而易散。叶梗长，则受水鲜白；叶梗短，则色黄而泛。乌蒂、白合，茶之大病。不去乌蒂，则色黄黑而恶。不去白合，则味苦涩。蒸芽必熟，去膏必尽。蒸芽未熟，则草木气存。去膏未尽，则色浊而味重。受烟则香夺，压黄①则味失，此皆茶之病也。

【注释】

①压黄：指采回新鲜茶叶后不及时蒸煮，或未及时研磨蒸煮后的茶叶，或未及时烘焙研磨好的茶末，导致煎煮出来的茶色混浊，茶味淡薄，并散发出坏鸡蛋味的"制茶病"。

【译文】

《唐书》中记载：太和七年农历正月，吴地、蜀地进贡的新茶，都在冬天加工制成。皇上处政恭俭，不愿意违背事物的天性，所以下诏到各个贡茶之地，在立春之后再制茶进贡。

《北堂书钞》中记载：《茶谱》续补说道：龙安地区制造的骑火茶是最上等的品种。骑火指的就是既不在改火之前，也不在改火之后。清明节气改火，所以叫火。

《东溪试茶录》：选择肥厚的芽叶，这样制成的茶才会甘甜清香，茶汤呈粥面状，着盏而不易涣散。要是土壤贫瘠，生长出来的茶芽较为短小，茶汤表面容易云脚涣乱，上面的沫饽也容易因去盏而涣散。茶叶叶梗长的，煎煮出的茶汤汤色鲜白；茶叶叶梗短的，煎煮出的茶汤就会呈现泛黄的颜色。乌蒂和白合是茶的两大病害。不去掉乌蒂，那么煎煮出来的茶汤色泽发黄发黑非常难看。不去掉白合，那么煎煮出来的茶汤味道苦涩。在蒸制茶芽的时候务必蒸熟，一定要把茶汁去干净。要是茶芽没有蒸熟，那么煮出来的茶汤就会有草木的气味。要是茶汁没有去干净，那么煮出来茶汤就会色泽混浊且茶味凝重。要是受到烟熏，原本的茶香就会被侵夺；压黄过久，茶味就会散失，这些都是制茶过程中的弊病。

【原文】

《大观茶论》：茶工作于惊蛰，尤以得天时为急。轻寒，英华渐长，条达而不迫，茶工从容致力，故其色味两全。故焙人得茶天为庆。

撷茶以黎明，见日则止。用爪断芽，不以指揉。凡芽如雀舌谷粒者为斗品①，一枪一旗②为拣芽，一枪二旗为次之，馀斯为下。茶之始芽萌，则有白合③，不去害茶味。既撷则有乌蒂，不去害茶色。

茶之美恶，尤系于蒸芽、压黄之得失。蒸芽欲及熟而香，压黄欲膏尽呕止。如此则制造之功十得八九矣。

涤芽惟洁，濯器惟净，蒸压惟其宜，研膏惟熟，焙火惟良。造茶先度日晷之长短，均工力之众寡，会采择之多少，使一日造成，恐茶过宿，则害色味。

茶之范度不同，如人之有首面也。其首面之异同，难以概论。要之，色莹彻而不驳，质缜绎而不浮，举之（原注：则）凝结，碾之则铿然，可验其为精品也。有得于言意之表者。

白茶，自为一种，与常茶不同。其条敷阐，其叶莹薄。崖林之间，偶然生出，有者不过四五家，生者不过一二株，所造止于二三铸④而已。须制造精微，运度得宜，则表里昭澈，如玉之在璞，他无与伦也。

【注释】

①斗品：茶叶中的精品。 ②一枪一旗：茶语，用来描述茶芽的生长状况。枪指茶芽，旗指茶芽周边的嫩叶。 ③白合：茶语，指茶萌芽时，小芽被两片较大叶子包裹的情况。④铸（kuǎ）：一种针对茶叶的专用计量单位。

【译文】

《大观茶论》中记载：制茶的工作开始于惊蛰时节，尤其要把天气时令的变化当作最急迫的事情。如果天气稍冷，茶芽开始生长，枝条缓慢生长，采茶工人可以从容不迫地采摘，茶的色泽与气味可以兼得。所以人们会把赶上适宜制茶的天气视为庆幸之事。

采茶叶要在黎明时采，日出了就要停止。采摘茶叶时要用指甲掐断茶芽，不要用手指揉摸。凡是长得像雀舌、谷粒一样的茶芽都可以视为斗品。一个叶芽带一片叶子的被称为拣芽，一个叶芽带两片叶子的稍次一些，其他的就是下品茶了。茶叶在刚开始萌芽时，会出现白合，若不去除会影响茶的味道。刚采的新茶上面会有黑色的蒂，若不去除会影响茶的成色。

茶经·续茶经

茶的品质的好坏优劣，尤其取决于蒸制茶芽和压黄这两个步骤的得失成败。蒸制茶芽的时候，刚好蒸熟时最香；压黄的时候，茶汁一旦榨干就要马上停止。能做好这两步，制茶的功夫就已经掌握了十之八九了。

茶芽、茶具一定要清洗干净，蒸制茶芽和压黄的时候要如上所述把握好时间，研末茶粉调和茶膏的时候务必保持茶叶已熟，烘焙茶饼的时候要控制好火候。在制茶的时候要先估计好时间的长短，然后均衡地分配所需的劳力，并合计出采茶量的多少，确保能在一天内制完这些茶，否则怕没有加工的新茶隔夜后，会损害茶的色泽与香味。

制茶的模子等因素不尽相同，就像人的面目各异一样。茶的外貌异同，很难一概而论。挑紧要的来说，表面的色泽晶莹透彻而不纷乱，质地缜密厚实而不虚浮，拿在手里有紧实感，碾碎时会发出铿然的声音，这就可以判定为精品了。有的能够从中获得结论，有的则不行，这需要用心体会。

白茶风格独特，自成为一个品种，与寻常的茶不同。它的枝条舒展张开，茶芽晶莹嫩薄。白茶长在山崖丛林之间，是偶然生长出来的珍贵品种，有这种茶的人家不超过四五户，每户长出来的白茶树也不过一两株，出产的白茶也只有二三銙那么多。白茶的制造必须做到精准细微，运作度量必须非常合适，这样制作出来的白茶才会表里都鲜明透彻，就像璞玉一般，品质无与伦比。

【原文】

《北苑别录》：采茶之法，须是侵晨，不可见日。晨则夜露未晞，茶芽肥润。见日则为阳气所薄，使芽之膏腴内耗，至受水而不鲜明。故每日常以五更挝鼓集群夫于凤凰（原注：山有伐鼓亭，日役采夫二百二十二人），监采官人给一牌，入山至辰刻，则复鸣锣以聚之，恐其逾时贪多务得也。大抵采茶亦须习熟，募夫之际必择土著及谙晓之人，非特识茶发早晚所在，而于采摘亦知其指要耳。

茶有小芽，有中芽，有紫芽，有白合，有乌蒂，不可不辨。小芽者，其小如鹰爪。初造龙团胜雪、白茶，以其芽先次蒸熟，置之水盆中剔取其精英，仅如针小，谓之水芽，是小芽中之最精者也。中芽，古谓之一枪二旗是也。紫芽，叶之紫者也。白合，乃小芽有两叶抱而生者是也。乌蒂，茶之带头是也。凡茶，以水芽为上，小芽次之，中芽又次。紫芽、白合、乌蒂，在所不取。使其择焉而精，则茶之色味无不佳。万一杂之以所不取，则首面不均，色浊而味重也。

惊蛰节万物始萌。每岁常以前三日开焙，徐闰则后之，以其气候少迟故也。

蒸芽再四洗涤，取令洁净，然后入甑，俟汤沸蒸之。然蒸有过熟之患，有不熟之患。过熟则色黄而味淡，不熟则色青而易沉，而有草木之气。故惟以得中为当。

茶既蒸熟，谓之茶黄，须淋洗数过（原注：欲其冷也）。方入小榨，以去其水，又入大榨，以出其膏（原注：水芽则高榨压之，以其芽嫩故也），先包以布帛，束以竹皮，然后入大榨压之，至中夜取出揉匀，复如前入榨，谓之翻榨。彻晓奋击，必至于干净而后已。盖建茶之味远而力厚，非江茶之比。江茶畏沉其膏，建茶惟恐其膏之不尽。膏不尽则色味重浊矣。

茶之过黄，初入烈火焙之，次过沸汤爁①之，凡如是者三，而后宿一火，至翌日，遂过烟焙之。火不欲烈，烈则面泡而色黑。又不欲烟，烟则香尽而味焦。但取其温温而已。凡火之数多寡，皆视其锖之厚薄。锖之厚者，有十火至于十五火。锖之薄者，六火至于八火。火数既足，然后过汤上出色。出色之后，置之密室，急以扇扇之，则色泽自然光莹矣。

研茶之具，以柯为杵，以瓦为盆，分团酌水，亦皆有数。上而胜雪、白茶以十六水，下而拣芽之水六，小龙凤四，大龙凤三，其馀皆以十二焉。自十二水而上，曰研一团，自六水而下，曰研三团至七团。每水研之，必至于水干茶熟而后已。水不干，则茶不熟，茶不熟，则首面不匀，煎试易沉。故研夫尤贵于强有力者也。尝谓天下之理，未有不相须而成者。有北苑之芽，而后有龙井之水。龙井之水清而且甘，昼夜酌之而不竭，凡茶自北苑上者皆资焉。此亦犹锦之于蜀江，胶之于阿井也，讵②不信然？

【注释】

①燂（liàn）：烤制。 ②讵（jù）：怎，岂。

【译文】

《北苑别录》：采摘茶叶的时间，一定要在清晨，不能见到太阳。早晨的茶叶上夜间的露水没干，茶芽肥厚湿润。见到太阳就会被阳气烘晒，使得茶芽内的茶汁在内部消耗，在水中煎煮时茶汤就不会那么新鲜澄澈。所以，采茶时节每日的五更天时，就会擂鼓召集采茶工人到凤凰山集合（作者原注：凤凰山上有座伐鼓亭，每天来凤凰山采摘茶叶的人数有二百二十二人之多），监采官会给每人发一块牌子，进山采茶到辰时的时候，会再次鸣锣将采茶人聚集起来，这样做是担心采茶人贪多而延误时辰。大抵来说，采茶也需要练习至娴熟，所以在招募工人的时候都会选择那些本地的乡民和谙熟采茶技艺的人，不仅仅是为了知道茶树萌芽的早晚，也是因为在采摘茶叶的时候要知道其中的要领。

茶的叶芽可以分为小芽、中芽、紫芽、白合、乌蒂等，对此不能不加以辨别。小芽的形状小如鹰爪。最初制造龙团胜雪和白茶时，就是把小芽依照先后顺序蒸熟，而后在放在水盆里面剥取小芽上面针尖大小的精英，这就是水芽，是小芽中最为精华的部分。中芽就是过去叫作一枪二旗的茶。紫芽是叶芽呈现出紫色的茶。白合是小芽中两叶合抱而生的小叶芽。乌蒂是茶上带有头的叶芽。一般而言，叶芽之中以水芽为上品，小芽次之，中芽又次一些。紫芽、白合、乌蒂是不能取用的。假使在挑选茶芽的时候精挑细选，那么挑出来茶叶色泽和味道就没有不好的。一旦掺杂了那些不能取用的茶芽，那么制作出来的茶饼看上去就不均匀，煎煮出来的茶汤也会色泽混浊，味道苦涩厚重。

惊蛰是万物开始萌芽的时节。所以每年通常会在惊蛰前三天开始烘焙制茶，遇到闰年就推后制茶的时间，这是气候稍微推迟一些的缘故。

蒸制茶芽时要反复洗涤，确保取出来的茶芽洁净，然后放入甑里，等水烧开了之后就可以蒸制。然而蒸制时有蒸过头的顾虑，也有没蒸熟的担忧。蒸过头会使茶叶变黄茶味变淡，没蒸熟会使茶色发青且易沉，并且会带上草木的气息。因此只有蒸得恰到好处才行。

茶一旦蒸熟，就叫作茶黄，茶黄需要经过多次淋洗（作者原注：为了让茶冷却）。之后把茶放进小榨之中，用来沥清水分，之后再放进大榨里面，用来压榨出茶汁（作者原注：水芽是用高榨来压制的，是因为水芽叶片鲜嫩的原因），压榨时先要用布帛将茶叶包住，再用竹皮将其捆束住，再放进大榨中压制，到半夜时把茶取出揉搓至均匀，再按之前的步骤压榨一次，这叫作"翻榨"。用力捶打一个通宵，务必等到榨干茶汁后才能停下来。建茶的味道悠远且力道浑厚，这不是江南的茶能比拟的。江南的茶在压制时忌讳茶汁外流，而建茶在压制时，则唯恐茶汁没有榨干净。茶汁没有榨干净，茶汤的色泽和味道就都会显得厚重而混浊。

茶在过黄时，要先放入烈火中焙烤，用煮沸的开水烫过之后再烤，像这样重复做三次，再经过一宿的烤炙，到第二天的时候，再用带烟的火烘焙茶饼。火不能太炽烈，太炽烈的话茶饼表面容易起泡且色泽发黑。烟不能太浓，太浓了茶香会散尽并产生焦味。选择无烟的小火就行了。火烤次数的多少，要依烘烤的茶铐多少来定。茶铐厚的，需要火烤十次到十五次。茶铐薄的，需要火烤六次到八次。火烤次数足够之后，再将茶饼过汤出色。出色之后，把茶饼放置在密室之中，用扇子快速扇晾，这样一来，茶饼的色泽自然光鲜莹亮。

研磨茶的工具，要以树枝来作杵，用瓦器来作盆，根据茶的品类来加水，这些都有相应的标准。上到龙团胜雪、白茶，这些要加水十六次；下到拣芽，要加水六次。小龙凤团茶要加水四次，大龙凤团茶要加水两次，其他的都是加水十二次。加水十二次以上的茶，叫作研一团，加水六次以下的茶，叫作研三团至研七团。每次加水研茶时，必须等到水干茶熟之后才行。水没干，则说明茶没熟，茶没熟，茶饼表皮上就会不会均匀，煎煮茶汤时容易下沉。研磨茶叶特别注意要强而有力。我以前觉得这普天之下的所有道理没有不是相辅相成的。有北苑的茶叶，而后才有了龙井的泉水。龙井的水质地清冽而甘甜，即使昼夜取用也不会枯竭，凡是北苑出产进贡的茶，都依赖龙井水来煎煮。这也好比蜀江才能造出最好的蜀锦，阿井才能制出最好的阿胶，难道不是这样吗？

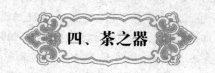

四、茶之器

【原文】

《资暇集》：茶托子，始建中蜀相崔宁之女，以茶杯无衬，病其熨指，取楪子①承之。既啜而杯倾。乃以蜡环楪子之央，其杯遂定，即命工匠以漆代蜡环，进于蜀相。蜀相奇之，为制名而话于宾亲，人人为便，用于当代。是后，传者更环其底，愈新其制，以至百状焉。

贞元初，青郓②油缯为荷叶形，以衬茶碗，别为一家之楪。今人多云托子始此，非也。蜀相即今升平崔家，讯则知矣。

《大观茶论》：茶器：罗碾。碾以银为上，熟铁次之。槽欲深而峻，轮欲锐而薄。罗欲细而面紧。碾必力而速。惟再罗，则入汤轻泛，粥面光凝，尽茶之色。

盏须度茶之多少，用盏之大小。盏高茶少，则掩蔽茶色；茶多盏小，则受汤不尽。惟盏热，则茶立发耐久。

筅以筋竹老者为之，身欲厚重，筅欲疏劲，本欲壮而末必眇③，当如剑脊之状。盖身厚重，则操之有力而易于运用。筅疏劲如剑脊，则击拂虽过，而浮沫不生。

瓶宜金银，大小之制惟所裁给。注汤利害，独瓶之口嘴而已。嘴之口差大而宛直，则注汤力紧而不散。嘴之末欲圆小而峻削，则用汤有节而不滴沥。盖汤力紧则发速有节，不滴沥则茶面不破。

勺之大小，当以可受一盏茶为量。有馀不足，倾勺烦数，茶必冰矣。

【注释】

①楪子：即"碟子"。楪，同"碟"。　②郓（yùn）：地名，在今山东境内。　③眇（miǎo）：微小。

【译文】

《资暇集》中记载：茶托子，始创于建中年间蜀相崔宁的女儿，因为茶杯没有衬垫，担心会烫伤她的手指，便在喝茶时拿一个碟子将茶杯托住。可喝完茶后杯子却倒了。于是她用蜡环绕茶杯将其固定在碟子中间，杯子因此稳固了，随即让工匠用油漆取代环绕的蜡，并进献给蜀相。蜀相对此感到非常惊奇，为它取了名并且告诉宾客亲友，人们都认为它很方便，当时就广为使用。在这之后，传承者再环其底部，更新了它的规制，使得茶托有了上百种形状。

贞元初年时，青郓人把刷了油漆的缯布做成荷叶的形状，用来衬垫茶碗，成了独具一格的碟子。现在的人大多认为茶托起源于此，其实不是。蜀相，也就是今天的升平崔家，去问问就清楚了！

《大观茶论》中记载：茶器：罗和碾。碾子以银制的为上品，熟铁制的要稍次一些。槽要做得深而且陡，踬轮要做得锐而且薄。罗筛要做得细密且筛面要紧实。碾的时候必须用力且迅速。只有经过一再地筛罗，茶末入水后才会轻轻地浮在水面上，茶汤的表面才会有粥样的光泽凝聚，尽显好茶的本色。

茶盏，必须度量茶叶的多少，再决定用多大的茶盏。茶盏高而茶叶少，就会掩盖茶的本色；茶叶多而茶盏小，茶叶就不会完全被水泡开。茶盏只有在加热时，里面的茶叶味道才会完全散发出来，且持续很久。

刷洗茶具的茶筅用多节的老竹子制成，筅子身要厚重，筅子头要稀疏而有力，根部粗壮末梢纤细，就像剑脊的样子。因为身子厚重，操作时有力，用起来才会更容易。筅子头虽然稀疏但劲道跟剑脊一般，即使击拂时力量过大，也不会产生浮沫。

装茶叶的瓶子以金银制的较为适宜，瓶子大小则要依照实际来定。倒茶的关键，就在于瓶子的瓶嘴。瓶嘴大且直的话，倒茶的力道就比较集中，水流不会散开。瓶嘴的末端要圆润细小且陡削，倒茶时就会有所节制且水流不会滴沥。倒茶时力量集中，茶叶的香气就会迅速而有节制地发散开来；水流不会滴沥，茶汤的表面就不会被破坏。

勺子的大小，应当以能够盛满一盏茶为适量标准。勺太大就要倒出多余的水，勺太小就要反复舀好几次，这样一来，茶就凉了。

【原文】

蔡襄《茶录·茶器》：茶焙，编竹为之，裹以箬叶。盖其上以收火也，隔其中以有容也。纳火其下，去茶尺许，常温温然，所以养茶色香味也。

茶笼，茶不入焙者，宜密封裹，以箬笼盛之，置高处，切勿近湿气。

砧椎，盖以碎茶。砧，以木为之，椎则或金或铁，取于便用。

茶钤[①]，屈金铁为之，用以炙茶。

茶碾，以银或铁为之。黄金性柔，铜及鍮石皆能生铥，不入用。

茶罗，以绝细为佳。罗底用蜀东川鹅溪绢之密者，投汤中揉洗以罩之。

茶盏，茶色白，宜黑盏。建安所造者绀黑，纹如兔毫，其坯微厚，燖之久热难冷，最为要用。出他处者，或薄或色紫，不及也。其青白盏，斗试不宜用。

茶匙要重，击拂有力。黄金为上，人间以银铁为之。竹者太轻，建茶不取。

茶瓶要小者，易于候汤，且点茶注汤有准。黄金为上，若人间以银铁或瓷石为之。若瓶大啜存，停久味过，则不佳矣。"

【注释】

①茶钤（qián）：一种夹着茶饼炙烤的工具。

【译文】

蔡襄在《茶录·茶器》中说道：茶焙是用竹子编织而成的，外面还裹了一层竹叶。上面加盖用来收拢火力，中间隔开以增大里面的容量。将火放在它的下面，与茶焙中的茶饼保持一尺多的距离，使里面保持温暖的状态，为的就是保持茶的颜色、香气与味道。

茶笼，没有经过焙烤的茶叶，应该密封包裹起来，放进茶笼中装好，置于高处，千万不要靠近湿气。

椎和砧板，是用来碾碎茶饼的。砧板，用木头制成；椎，有的用金制，有的用铁制，取的就是它的方便好用。

茶钤，用弯曲的金或铁制成，用来夹着茶饼炙烤。

茶碾，用银或铁制成。黄金性质柔软，铜和碖石都容易生锈，所以不能用。

茶罗，罗网以最细的为最好。罗底要采用蜀东川鹅溪产的细密绢缎，放入热水中揉洗干净后再罩上茶罗。

茶盏，茶的颜色白，就适合用黑色的茶盏。建安制造的茶盏青黑透红，纹路如同兔毛一般，坯壁有些厚，烘烤过后久热难冷，饮茶用最好。其他地方出产，或者太薄，或者颜色发紫，都无法相提并论。青白色的茶盏，斗茶的人自然不会使用。

茶匙要有一定重量，击拂时才会有力道。黄金制的是上品，民间多用银制或铁制。竹制的重量太轻，建茶不用竹制茶匙。

茶瓶要用小一些的，容易观察水开的情况，点茶注水也能把握准度。黄金制的是上品，像民间的话，多用银制、铁制或瓷制的。如果瓶子太大，没喝完的茶就会剩下来，时间一久味道就会改变，这就不好了。

【原文】

《清波杂志》：长沙匠者，造茶器极精致，工直之厚，等所用白金之数，士大夫家多有之，置几案间，但知以侈靡相夸，初不常用也。凡茶宜锡，窃意以锡为合，适用而不侈。贴以纸，则茶易损。

张源《茶录》：茶铫，金乃水母，银备刚柔，味不咸涩，作铫最良。制必穿心，令火气易透。

茶瓯，以白瓷为上，蓝者次之。

罗廪《茶解》：茶炉，或瓦或竹皆可，而大小须与汤铫称。凡贮茶之器，始终贮茶，不得移为他用。

《檀几丛书》：品茶用瓯，白瓷为良，所谓"素瓷传静夜，芳气满闲轩"也。制宜弇口①邃肠，色浮浮而香不散。

《茶说》：器具精洁，茶愈为之生色。今时姑苏之锡注，时大彬之沙壶，汴梁之锡铫，湘妃竹之茶灶，宣、成窑之茶盏，高人词客、贤士大夫，莫不为之珍

茶经·续茶经

重。即唐宋以来，茶具之精，未必有如斯之雅致。

《闻雁斋笔谈》：茶既就筐，其性必发于日，而遇知己于水。然非煮之茶灶、茶炉，则亦不佳。故曰饮茶，富贵之事也。

冯时可《茶录》：芘莉，一名筹筤，茶笼也。牺，木勺也，瓢也。

冒巢民云：茶壶以小为贵，每一客一壶，任独斟饮，方得茶趣。何也？壶小则香不涣散，味不耽迟。况茶中香味，不先不后，恰有一时。太早或未足，稍缓或已过，个中之妙，清心自饮，化而裁之，存乎其人。

【注释】

①弇（yǎn）口：小口。

【译文】

《清波杂志》中记载：长沙的工匠，制作的茶器非常精致，工钱也同所用的金银的数量差不多，很多士大夫的家中都有收藏，把它们放在茶几案头，只知道用来相互炫耀奢侈，并不经常使用。一般来说，茶器适宜用锡制，适用而不奢侈。但若往上贴纸，茶味就容易受损。

张源的《茶录》中记载：茶铫子，金属于水之母，银则刚柔相济，味道不会咸涩，是制作铫子的最佳材料。制作的时候必须穿透中心，让火气容易穿透。

茶瓯以白色的为上品，蓝色的稍次一些。

罗廪的《茶解》中记载：茶炉，瓦制的和竹制的都可以，其大小要同汤铫子相配。用来装茶的器具，自始至终只能装茶，不能改作其他用途。

《檀几丛书》中记载：品茶用的茶瓯，以白瓷的为佳品，正所谓"素瓷传静夜，芳气满闲轩"。样子应该是口小而腹深，这样能让茶色漂浮，而且茶香不易散失。

《茶说》中记载：品茶的器具精致而洁净，茶的味道也会随之而增色。今天姑苏地区的锡制茶壶，往时大彬的紫砂壶，汴梁的锡铫子，湘妃竹做成的茶灶，宣窑成窑里制作的茶盏，这些东西，文人墨客、贤能官员没有不加以珍惜的。也就是说，唐宋以来，茶具的精妙之处，也没有雅致到现在这种地步。

《闻雁斋笔谈》中记载：茶叶装进筐里之后，它的本性要遇到阳光以及作为知己的水才能散发。但是如果不用煮茶的灶、炉来煮茶，那么煮出来的茶也达不到最佳效果。所以说饮茶是件富贵的事情。

冯时可的《茶录》中记载：苾莉又叫作箬篓，就是茶笼的意思。牺，就是木勺，也叫作瓢。

冒巢民说：茶壶以小巧为最佳，每位客人一壶茶，任凭你独自斟饮，这样才能获得品茶的乐趣。这是为什么呢？因为茶壶小，香气就不容易散失，味道就不容易改变。何况茶中的香气，不早不迟，恰好就集中在那一个时段里。太早可能显得不足，稍微晚点可能又过了最佳的时刻，其中的奥妙，只有静下心来自斟自饮才能体会到，而其中的变化与品饮的方法，全在个人。

【原文】

周高起《阳羡茗壶系》：万历间，有四大家：董翰、赵梁、玄锡、时朋。朋即大彬父也。大彬号少山，不务妍媚，而朴雅坚栗，妙不可思，遂于陶人擅空群之目矣。

此外，则有李茂林、李仲芳、徐友泉；又大彬徒欧正春、邵文金、邵文银、蒋伯荂四人；陈用卿、陈信卿、闵鲁生、陈光甫；又婺源人陈仲美，重镂①叠刻，

茶经·续茶经

088

细极鬼工；沈君用、邵盖、周后溪、邵二孙、陈俊卿、周季山、陈和之、陈挺生、承云从、沈君盛、陈辰辈，各有所长。徐友泉所自制之泥色，有海棠红、朱砂紫、定窑白、冷金黄、淡墨、沉香、水碧、榴皮、葵黄、闪色、梨皮等名。大彬镂款，用竹刀画之，书法闲雅。

茶洗，式如扁壶，中加一盎，鬲而细窍其底，便于过水漉沙。茶藏，以闭洗过之茶者。陈仲美、沈君用各有奇制。水杓、汤铫，亦有制之尽美者，要以椰瓢、锡缶为用之恒。

名壶宜小不宜大，宜浅不宜深。壶盖宜盎不宜砥。汤力茗香，俾得团结氤氲，方为佳也。

壶若有宿杂气，须满贮沸汤涤之，乘热倾去，即没于冷水中，亦急出水泻之，元气复矣。

【注释】

①锼(sōu)：镂刻。

【译文】

周高起《阳羡茗壶系》：万历年间，有四大制壶名家：董翰、赵梁、玄锡、时朋。时朋就是大彬的父亲。大彬的号叫作少山，制壶不喜欢妍媚之风，而是崇尚朴素、雅致、坚实与栗色，他制作的陶器精妙绝伦，超乎人们的想象，在陶艺界属于超群的级别。

此外还有李茂林、李仲芳、徐友泉；大彬的徒弟欧正春、邵文金、邵文银、蒋伯荂四人；陈用卿、陈信卿、闵鲁生、陈光甫；还有婺源人陈仲美，制造器具时反复镂刻，多重雕饰，细致到了极点，可谓鬼斧神工；沈君用、邵盖、周后溪、邵二孙、陈俊卿、周季山、陈和之、陈挺生、承云从、沈君盛、陈辰等人也都各有自己的特长。徐友泉自制的茶壶，陶泥的颜色分为海棠红、朱砂紫、定窑白、冷金黄、淡墨、沉香、水碧、榴皮、葵黄、闪色、梨皮等多种名类。大彬的镌刻落款，是用竹刀在上面刻画而成，书法娴熟而高雅。

茶洗的样子像扁壶一样，中间加了一个弧形的鬲，底部有细孔，以便过滤水和沙。茶藏用来留住清洗完毕的茶叶。陈仲美、沈君在这两样物品上都有各自奇特的制法。水勺、汤铫子也有制作得特别精美的，但还是以椰瓢和锡制的用得更为长久。

好的茶壶宜小不宜大，宜浅不宜深。壶盖应该呈弧形而不应太平。这样水流才会集中，茶香才会散发，能让香气氤氲凝聚的茶壶才是好茶壶。

壶中如果有陈味杂气，就要装满热水来清洗，并趁着水热倒掉，再立即放入冷水之中，同样再马上拿出并将水倒掉，这样一来，茶壶的元气就恢复了。

【原文】

许次纾《茶疏》：茶盒，以贮日用零茶，用锡为之，从大坛中分出，若用尽时再取。

茶壶，往时尚龚春，近日时大彬所制，极为人所重。盖是粗砂制成，正取砂无土气耳。

臞仙云：茶瓯者，予尝以瓦为之，不用磁。以笋壳为盖，以檞叶攒覆于上，如箬笠状，以蔽其尘。用竹架盛之，极清无比。茶匙，以竹编成，细如笊篱，样与尘世所用者大不凡矣，乃林下出尘之物也。煎茶用铜瓶，不免汤铦，用砂铫，亦嫌土气，惟纯锡为五金之母，制铫能益水德。

文震亨《长物志》：壶以砂者为上，既不夺香，又无熟汤气。锡壶有赵良璧者亦佳。吴中归锡，嘉禾黄锡，价皆最高。

《遵生八笺》：茶铫、茶瓶，瓷砂为上，铜锡次之。瓷壶注茶，砂铫煮水为上。茶盏，惟宣窑坛为最，质厚白莹，样式古雅，有等宣窑印花白瓯，式样得中，而莹然如玉。次则嘉窑，心内有茶字小盏为美。欲试茶色黄白，岂容青花乱之。注酒亦然，惟纯白色器皿为最上乘，馀品皆不取。

　　试茶以涤器为第一要。茶瓶、茶盏、茶匙生铁，致损茶味，必须先时洗洁则美。

　　曹昭《格古要论》：古人吃茶汤用擎，取其易干不留滞。

　　徐葆光《中山传信录》：琉球茶瓯，色黄，描青绿花草，云出土噶喇。其质少粗无花，但作水纹者，出大岛。瓯上造一小木盖，朱黑漆之，下作空心托子，制作颇工。亦有茶托、茶帚。其茶具、火炉与中国小异。

　　《随见录》：洋铜茶铫，来自海外。红铜荡锡，薄而轻，精而雅，烹茶最宜。

【译文】

　　许次纾的《茶疏》中记载：茶盒，用来贮藏每天要喝的零散茶叶，用锡制成，里面的茶叶从大坛中取出，如果用完了可以再取。

　　茶壶，过去崇尚龚春制造的壶，当今则是大彬做的茶壶，特别被人们所看重。壶用粗砂制成，取的正是粗砂没有泥土气息的特点。

　　瞿仙说：茶瓯，我曾经尝试用瓦制成，而不是用瓷。用笋壳做盖子，把槲叶盖在上面，就像用箬叶做成的斗笠一样，用来遮挡灰尘。再用竹架盛装起来，非常清幽，无与伦比。茶匙，用竹子编成，像筮篱一样细小，样子与一般人用的有很大的区别，因为它是山林之间超凡脱俗的东西。煎茶的时候如果用铜瓶，茶汤难免有铜锈味；如果用砂铫子，又会嫌有泥土味；只有纯锡才是五金之母，用其做出的铫子能够提升茶水的品质。

文震亨的《长物志》中记载：茶壶中以砂制壶为上品，因为它既不会夺走茶的香气，也没有热汤的味道。锡壶中赵良璧做的也很好。吴中的归锡、嘉禾的黄锡，价钱都是最高的。

《遵生八笺》中记载：茶铫子、茶瓶，以瓷砂制造的为上品，铜锡制的就次一点。用瓷壶注茶，用砂铫子煮水是最上等的配置。茶盏只有宣窑坛的最好，质地厚重，色白晶莹，样式古典雅致。宣窑中有种白色印花的茶瓯，样式中规中矩，但也如玉一般晶莹。稍次一点的是嘉窑，以底部中心写有茶字的小茶盏最为精美。如果想辨试茶色的黄白，怎么能让青花瓷在里面扰乱视线？倒酒也是这样，只有纯白色的器皿才是最上乘的，其他的品类都不应取用。

试茶时洗净器具是第一要务。茶瓶、茶盏、茶匙等一旦生锈，就会损害茶的味道，必须在喝茶前洗干净才好。

曹昭的《格古要论》中记载：古时候的人喝茶汤都要用擎，就是因为它容易干而且不易留滞。

徐葆光的《中山传信录》中记载：琉球的茶瓯色泽呈黄色，上面描绘有青绿的花草，据说是从土噶喇那里出土的。它的质地稍显粗糙且没有花纹，但有绘制水纹的，那是出自大岛的。茶瓯上造有一个小的木盖，涂上了朱黑色的漆，下面做了一个空心托子，制作非常工巧。他们的茶具中也有茶托和茶帚。其茶具、火炉与中国其他地方的稍有不同。

《随见录》中记载：洋铜茶铫是从海外传来的。红铜外烫着锡，既薄又轻巧，既精致又典雅，最适合用来煮茶。

五、茶之煮

【原文】

唐陆羽《六羡歌》：不羡黄金罍，不羡白玉杯；不羡朝入省，不羡暮入台；千羡万羡西江水，曾向竟陵城下来。

唐张又新《水记》：陆羽论水次第，凡二十种：庐山康王谷水帘水第一；无锡惠山寺石泉水第二；蕲州兰溪石下水第三；峡州扇子山下虾蟆口水第四；苏州虎丘寺石泉水第五；庐山招贤寺下方桥潭水第六；扬子江南零水第七；洪州西山瀑布泉第八；唐州桐柏县淮水源第九；庐州龙池山岭水第十；丹阳县观音寺水第十一；扬州大明寺水第十二；汉江金州上游中零水第十三（原注：水苦）；归州玉虚洞下香溪水第十四；商州武关西洛水第十五；吴淞江水第十六；天台山西南峰千丈瀑布水第十七；柳州圆泉水第十八；桐庐严陵滩水第十九；雪水第二十（原注：用雪水不可太冷）。

徐谓《煎茶七类》：煮茶非漫浪，要须其人与茶品相得，故其法每传于高流隐逸，有烟霞泉石磊块于胸次间者。

品泉以井水为下。井取汲多者，汲多则水活。

候汤眼鳞鳞起，沫饽鼓泛，投茗器中。初入汤少许，俟汤茗相投即满注，云脚渐开，乳花浮面，则味全。盖古茶用团饼碾屑，味易出。叶茶骤则乏味，过熟则味昏底滞。

【译文】

唐代的陆羽在《六羡歌》中写道：不羡慕拥有黄金酒樽，不羡慕拥有白玉酒杯；也不羡慕那些入省入台从政做官的人；我内心念念不忘的是故乡的西江水，缓缓地流向竟陵城中来。

唐代张又新的《煎茶水记》中记载：陆羽谈论水的等级时，大体划分成了二十个种类：庐山康王谷水帘水第一；无锡惠山寺石泉水第二；蕲州兰溪石下水第三；峡州扇子山下虾蟆口水第四；苏州虎丘寺石泉水第五；庐山招贤寺下方桥潭水第六；扬子江南零水第七；洪州西山瀑布泉水第八；唐州桐柏县淮水源第九；庐州龙池山岭水第十；丹阳县观音寺水第十一；扬州大明寺水第十二；汉江金州上游中零水第十三（作者原注：水苦）；归州玉虚洞下香溪水第十四；商州武关西洛水第十五；吴淞江水第十六；天台山西南峰千丈瀑布水第十七；柳州圆泉水第十八；桐庐严陵滩水第十九；雪水第二十（作者原注：不可以用雪水煎茶，太冷）。

徐渭的《煎茶七类》中记载：煮茶不是一件随随便便的事，关键在于煮茶人的人品要与茶品相得益彰，所以煎茶的方法大都流传在高人与隐者之中，他们都是将烟霞泉石装在心胸之中的人。

用以品茗的泉水中，井水是最差的。即使要选，也应选择经常有人汲水的井，汲水的人多，水性也就活了。

煮水时，要等到水中的水泡像鱼鳞一样升起，水面上泛出泡沫时，再将茶叶放进煮茶的器具中。开始时少倒点水，等茶和水相融的时候再加满水，这时水汽散开，沫饽漂浮在茶汤上，味道才最好。过去的人们将茶团茶饼碾成茶末，是为了让茶味更容易散发出来。叶茶冲得太急，就少了几分味道；煮得太熟，味道就混浊且茶叶会沉滞于底部。

【原文】

张源《茶录》：山顶泉清而轻，山下泉清而重，石中泉清而甘，砂中泉清而冽，土中泉清而厚。流动者良于安静，负阴者胜于向阳。山削者泉寡，山秀者有神。真源无味，真水无香。流于黄石为佳，泻出青石无用。

汤有三大辨：一曰形辨，二曰声辨，三曰捷辨。形为内辨，声为外辨，捷为气辨。如虾眼、蟹眼、鱼目、连珠，皆为萌汤，直至涌沸如腾波鼓浪，水气全消，方是纯熟；如初声、转声、振声、骇声，皆为萌汤，直至无声，方为纯熟。如气浮一缕、二缕、三缕，及缕乱不分，氤氲缭绕，皆为萌汤，直至气直冲贯，方是纯熟。

蔡君谟因古人制茶，碾磨作饼，则见沸而茶神便发。此用嫩而不用老也。今时制茶，不假罗碾，全具元体，汤须纯熟，元神始发也。

炉火通红，茶铫始上。扇起要轻疾，待汤有声，稍稍重疾，斯文武火之候也。若过乎文，则水性柔，柔则水为茶降；过于武，则火性烈，烈则茶为水制，皆不足于中和，非茶家之要旨。

投茶有序，无失其宜。先茶后汤，曰下投；汤半下茶，复以汤满，曰中投；先汤后茶，曰上投。夏宜上投，冬宜下投，春秋宜中投。

不宜用：恶木、敝器、铜匙、铜铫、木桶、柴薪、烟煤、麸炭、粗童、恶婢、不洁巾帨，及各色果实香药。

【译文】

张源的《茶录》中记载：山顶的泉水清澈而水质较轻，

山下的泉水清澈而水质较重，岩石中流出的泉水清澈而甘甜，沙石中渗出的泉水清澈而且冷冽，土石中滤出的泉水清澈而厚重。流动的水优于静止的水，背阴的水胜过向阳的水。山势峻峭的地方泉水少，山峦俊秀的地方有神韵。天然泉源中流出来的水没有味道，真正优质的好水没有香味。从黄色岩石中流出来的水最好，从青色岩石中泻出来的水不能喝。

煮茶的水有三大分辨标准：一是辨形，二是辨声，三是辨捷。辨形叫作内辨，辨声叫作外辨，辨捷叫作气辨。像虾眼、蟹眼、鱼目、连珠都是水刚烧开的样子，直到水面波浪汹涌翻滚，水汽全部消失时，才算是真正熟了。如初起之声、旋转之声、振动之声、骤雨之声都是水刚烧开的样子，直到声音都消失了，才算真正熟了。如果水汽漂浮，形成一缕、二缕、三缕，以及分辨不清、水雾缭绕等形态，这些都是水刚烧开的样子，直到水汽垂直冲贯而出，才算真正熟了。

蔡君谟因循古人制茶的方法，把茶叶碾磨成饼状，遇见沸腾的水后茶的神韵就会散发出来，这就是煮茶的水用嫩而不用老的原因。如今制造茶叶，不再借用罗碾，而是完全保持茶叶原本的形状，水必须完全煮开，茶的内蕴才会完全散发出来。

等到炉火通红时，才开始把茶铫子放上去，扇风的时候要轻而快，等到开水发出声音后，才稍微扇重一些，这就是指文火和武火。如果火太过于文，水性就会过柔，太柔的水就会被茶降伏；如果火太过于武，火性太烈，茶就会受制于水，这两者都不能称为茶水调和，不符合泡茶之人应当掌握的要领。

放茶叶要按一定的次序，不要失去最好的时机。先放茶后放开水，叫作下投；放一半开水再放茶，再加满水叫作中投；先加开水后放茶叫作上投。夏天适合上投，冬天适合下投，春秋两季适合中投。

　　泡茶不应用腐朽的木头、鄙陋的器具、铜茶匙、铜铫子、木桶、柴火、烟煤、麸炭、粗鲁的孩童、凶恶的女婢、不干净的毛巾，也不要添加各种果实和香料。

【原文】

　　顾元庆《茶谱》：煎茶四要：一择水，二洗茶，三候汤，四择品。点茶三要：一涤器，二熁盏，三择果。

　　熊明遇《岕山茶记》：烹茶，水之功居大。无山泉则用天水，秋雨为上，梅雨次之，秋雨冽而白，梅雨醇而白。雪水，五谷之精也，色不能白。养水须置石子于瓮，不惟益水，而白石清泉，会心亦不在远。

　　田艺蘅《煮泉小品》：茶，南方嘉木，日用之不可少者。品固有媺①恶，若不得其水，且煮之不得其宜，虽佳弗佳也。但饮泉觉爽，啜茗忘喧，谓非膏粱纨绔可语。爱著《煮泉小品》，与枕石漱流者商焉。

　　陆羽尝谓："烹茶于所产处无不佳，盖水土之宜也。"此论诚妙。况旋摘旋瀹，两及其新耶！故《茶谱》亦云"蒙之中顶茶，若获一两，以本处水煎服，即能祛宿疾"，是也。今武林诸泉，惟龙泓入品，而茶亦惟龙泓山为最。盖兹山深厚高大，佳丽秀越，为两山之主。故其泉清寒甘香，雅宜煮茶……

　　有水有茶，不可以无火，非谓其真无火也、失所宜也。李约云"茶须活火煎"，盖谓炭火之有焰者。东坡诗云"活水仍将活火烹"是也。余则以为山中不常得炭，且死火耳，不若枯松枝为妙。遇寒月，多拾松实房蓄，为煮茶之具，更雅。①

人但知汤候，而不知火候。火然则水干，是试火当先于试水也。《吕氏春秋》伊尹说汤五味，"九沸九变，火为之纪"。

【注释】

①燘（měi）：同"美"。

【译文】

顾元庆的《茶谱》中记载：煎茶有四个要诀：一是选水，二是洗茶，三是候汤，四是择品。点茶有三大要义：一是洗净器具，二是烧热茶杯，三是挑选果子。

熊明遇的《岕山茶记》中记载：烹茶时，水的功劳最大。没有山泉水就要用雨水，秋雨最好，梅雨稍次一些。秋雨清冽而色白，梅雨醇厚而色白。雪水是五谷的精华，颜色不能太白。保养水时需要把石子放进瓮里，不仅能提升水质，而且白色的石头搭配清澈的泉水，也能让人心旷神怡，会心之处并不在远。

田艺蘅的《煮泉小品》中记载：茶叶是南方的优良树种，是每天不可缺少的用品。茶的品质虽然有好有坏，但如果得不到煮茶的好水，而且煮茶的方法不得当，即使有再好的茶也不会好喝。只要喝到泉水就能觉得清爽，喝到茶汤的时候就会忘记喧嚣，这都不是能与膏粱子弟、纨绔之辈谈论的内容。我编写《煮泉小品》，为的就是能与幽人雅士们商榷。

陆羽曾说过："在出产茶叶的地方煮茶，没有不好喝的，这是因为水土适宜。"这种论断确实精妙，因为边采摘、边煮制，两道工序中的茶叶与泉水都是新鲜的。所以《茶谱》中说"蒙山之中最顶尖的茶叶，如果能获得一两，用当地的水煎煮，就能够祛除体内积存很久的疾病"，正是说的这个道理。如今武林城内的诸多泉水，只有龙泓的泉水能够列入佳品，茶叶也只有龙泓山的最好。这是因为龙泓山深厚高大，秀美卓越，是两山之中的主峰。所以那里的泉水清寒而且甜香，很适合煮茶……

有了水、有了茶，不可以没有火，这里说的并不是真的没有火，而是说没有把握好火候。李约说过"茶必须用活火煎煮"，活火是指有焰的炭火。苏东坡的诗中说过"活水仍将活火烹"，说的就是这个道理。但我认为山中不是经常能弄到炭的，何况炭也是死火，不如干枯的松树枝好。遇到寒冬腊月，多捡拾一些松树的果实放在屋子里存起来，用它作为煮茶的燃料，就更为雅致。

人们只知道把握煮水的时机，却不知道把握火候。火一直燃烧就会把水烧干，所以试火比试水更重要。《吕氏春秋》中，伊尹对商汤解释五味时说："九次沸腾九次改变，火候才是鉴别它们的标准。"

【原文】

许次纾《茶疏》：甘泉旋汲，用之斯良，丙舍在城，夫岂易得。故宜多汲，贮以大瓮，但忌新器，为其火气未退，易于败水，亦易生虫。久用则善，最嫌他用。水性忌木，松杉为甚。木桶贮水，其害滋甚，挈瓶为佳耳。

沸速，则鲜嫩风逸。沸迟，则老熟昏钝。故水入铫，便须急煮。候有松声，即去盖，以息其老钝。蟹眼之后，水有微涛，是为当时。大涛鼎沸，旋至无声，是为过时。过时老汤，决不堪用。

茶注、茶铫、茶瓯，最宜荡涤。饮事甫毕，馀沥残叶，必尽去之。如或少存，夺香败味。每日晨兴，必以沸汤涤过，用极熟麻布向内拭干，以竹编架覆而庋之燥处，烹时取用。

三人以上，止热一炉。如五六人，便当两鼎炉，用一童，汤方调适。若令兼作，恐有参差。

火必以坚木炭为上。然木性未尽，尚有馀烟，烟气入汤，汤必无用。故先烧令红，去其烟焰，兼取性力猛炽，水乃易沸。既红之后，方授水器，乃急扇之。愈速愈妙，毋令手停。停过之汤，宁弃而再烹。

茶不宜近：阴室、厨房、市喧、小儿啼、野性人、僮奴相哄、酷热斋舍。

【译文】

许次纾的《茶疏》中记载：刚刚汲取的甘泉，用来煮茶最好不过，可是我住在城里，哪有那么容易能获得呢？所以一次要多汲取一些，放在大坛子里储存起来，但是不要用新的器具，因为它的火气还没有退尽，容易败坏水质，也容易长虫。以使用已久的器具储水才好，但最忌讳转作他用。水生性忌讳木头，尤其是松木和杉木。用木桶来储存水，它的害处很快就显露出来了，用瓶子装都要好一些。

水沸腾得快，口感就鲜嫩清新。水沸腾得慢，口感就因茶叶熟过头而混沌不纯。所以水放进茶铫中，就要迅速烹煮。等到发出像松涛一样的声音，就掀开锅盖，可以防止水的口感变得老钝。冒出蟹眼般的气泡之后，水面微微翻腾，这就是水烧开的最佳时机。水声鼎沸，然后没有声音，那就是过了时机。过了时机的老汤，绝对不能用。

茶注、茶铫、茶瓯，最好经常洗涤。喝完茶之后，喝剩下的茶汤和残留的茶叶，必须全部去除干净。如果稍有残存，就会侵夺、败坏茶的香味。每天早晨起来后，一定要用开水清洗一遍，用极熟的麻布擦干里面，再把它们扣在竹架子上，放在干燥的地方晾干，烹茶的时候再取出来使用。

三个人以上饮茶，烧一炉火就够了。如果有五六个人饮茶，就应当用两个鼎炉，并且每个炉子安排一个童子来调和茶水。如果让人一块儿兼做，就怕会出现差错。

煮水的火以坚硬的木炭为最好。但是木头如果没有烧透，还有剩余的烟味，一旦烟气到了水中，水就一定不能用了。所以要先把木柴烧红，去掉里面的烟焰，并且在火力最旺的时候烧水，水就很容易沸腾。炭红了以后，才放上烧水的器具，并马上用扇子快速扇风。扇得越快越好，手不要停。沸腾之前停过火的汤，宁可倒了重新烹煮。

茶叶不适合靠近的地方：阴暗的房间、厨房、喧闹的集市、小孩啼哭的地方、性格粗野的人附近、侍童仆人哄闹的地方、酷热的斋堂与房屋。

【原文】

罗廪《茶解》：茶色白，味甘鲜，香气扑鼻，乃为精品。茶之精者，淡亦白，浓亦白，初泼白，久贮亦白。味甘色白，其香自溢，三者得则俱得也。近来好事者，或虑其色重，一注之水，投茶数片，味固不足，香亦窅然[1]，终不免水厄之诮，虽然，尤贵择水。

香以兰花为上，蚕豆花次之。

煮茗须甘泉，次梅水。梅雨如膏，万物赖以滋养，其味独甘。梅后便不堪饮。大瓮满贮，投伏龙肝一块以澄之，即灶中心干土也，乘热投之。

李南金谓，当背二涉三之际为合量。此真赏鉴家言。而罗鹤林惧汤老，欲于松风涧水后，移瓶去火，少待沸止而瀹之。此语亦未中窾②。殊不知汤既老矣，虽去火何救哉？

贮水瓮置于阴庭，覆以纱帛，使昼挹天光，夜承星露，则英华不散，灵气常存。假令压以木石，封以纸箬，暴于日中，则内闭其实，外耗其精，水神敝矣，水味败矣。

《考槃馀事》：今之茶品与《茶经》迥异，而烹制之法，亦与蔡、陆诸人全不同矣。

始如鱼目微微有声为一沸，缘边涌泉如连珠为二沸，奔涛溅沫为三沸。其法非活火不成。若薪火方交，水釜才炽，急取旋倾，水气未消，谓之嫩。若人过百息，水逾十沸，始取用之，汤已失性，谓之老。老与嫩皆非也。

【注释】

①窅（yǎo）然：本指幽深遥远的样子，这里形容因为茶叶放得少而没有什么香味。 ②中窾（kuǎn）：即"中窾（kuǎn）"，本义指切中要害，后引申为合适之意。窾，同"窾"。

【译文】

罗廪的《茶解》中记载：茶叶色泽发白，味道甘甜鲜美，香气扑鼻，就可以称为茶叶中的精品。茶叶中的精品，冲泡得淡时，颜色是白的；冲泡得浓时，颜色是白的；刚冲泡好时，颜色是白的；放置时间长了，仍然是白色的。味道甘甜，色泽发白，清香自然飘溢，三者兼备，也就具备了精品茶叶的水准。近来有好事之人，顾虑茶的颜色太重，一注的水中只投放几片茶叶，味道不够，香气也不浓，免不了要被讥讽是水的灾难，尽管这样，选择水也还是一件特别重要的事情。

茶的香味以兰花的香气为上品一样，蚕豆花一样的香气要次一些。

煮茶必须用甘甜的泉水，其次是梅雨时节的雨水。梅雨水就像油膏一样，滋养着依赖它的大地万物，它的味道有种独特的甘甜。梅雨季节以后的雨水就不能喝了。将梅雨水存满一个大坛子，在里面投放一片伏龙肝来澄清水质，伏龙肝就是炉灶中心烧干的土块，要趁热的时候放进去。

李南金说，当水煮到二沸和三沸之间的时候是最合适的。这是真正的鉴赏家才能说出的话。罗鹤林先生怕把水煮老了，想在发出松涛的水声之后，就把水从火上移开，等到不再沸腾的时候再次烹煮。这样的说法也不一定恰当。殊不知，水如果已经煮老了，即使从火上移开又能补救什么呢？

储水的坛子必须放在阴凉的庭院中，并在上面覆盖纱帛，让它白天吸取阳光，夜晚承接星光露水，这样一来，水的精华就不会消散，灵气也能长久保留。假如在上面压上木板岩石，用纸和箬竹封闭，放在阳光下暴晒，则在内密闭了水的灵气，在外消耗了水的精华，水的神韵损伤了，水的味道也败坏了。

《考槃馀事》中记载：今天茶叶的品种同《茶经》里所说的迥然不同，烹制的方法，也跟蔡襄、陆羽等人所说的完全不一样。

水煮开时，起初冒出像鱼眼睛一样的气泡并发出微微声响的是一沸，锅的边缘像涌泉一般且气泡在水面连成珠串的是二沸，水波翻腾并且溅出水沫是三沸。煮水必须用活火，否则就会不成功。如果柴火刚点着，煮水的锅刚烧热，就急忙取来倒水泡茶，水汽还没有消散，就叫作水太嫩。就像人过了百岁一样，水如果已经过了十沸，才取来用，就已失去了灵性，这叫作水太老。太老的水和太嫩的水都不能用来泡茶。

【原文】

　　《岕茶汇钞》：烹时先以上品泉水涤烹器，务鲜务洁。次以热水涤茶叶，水若太滚，恐一涤味损，当以竹箸夹茶于涤器中，反复洗荡，去尘土、黄叶、老梗既尽，乃以手搦干^①，置涤器内盖定。少刻开视，色青香冽，急取沸水泼之。夏先贮水入茶，冬先贮茶入水。

　　茶色贵白，然白亦不难。泉清、瓶洁、叶少、水冽，旋烹旋啜，其色自白，然真味抑郁，徒为目食耳。若取青绿，则天池、松萝及之最下者，虽冬月，色亦如苔衣，何足为妙。若余所收真洞山茶，自谷雨后五日者，以汤荡浣，贮壶良久，其色如玉。至冬则嫩绿，味甘色淡，韵清气醇，亦作婴儿肉香。而芝芬浮荡，则虎丘所无也。

　　《洞山岕茶系》：岕茶德全，策勋惟归洗控。沸汤泼叶即起，洗鬲敛其出液。候汤可下指，即下洗鬲，排荡沙沫。复起，并指控干，闭之茶藏候投。盖他茶欲按时分投，惟岕既经洗控，神理绵绵，止须上投耳。

　　张大复《梅花笔谈》：茶性必发于水，八分之茶遇十分之水，茶亦十分矣。八分之水试十分之茶，茶只八分耳。

　　《岩栖幽事》：黄山谷赋："汹汹乎，如涧松之发清吹；浩浩乎，如春空之行白云。"可谓得煎茶三昧。

【注释】

　　①搦（nuò）干：拧干。

【译文】

　　《岕茶汇钞》中记载：烹煮茶汤时，先要用上好的泉水清洗煮茶的锅具，务必确保新鲜洁净。其次要用热水洗涤茶叶，如果水太烫，恐怕一洗就会损坏茶的味道，应该用竹筷子夹着茶饼在器具中反复清洗，将茶叶里的尘土、黄叶、老梗这些东西去除干净，再用手拧干，放在洗好的器具里盖上。过一会儿再打开看看，色泽青翠、香味清冽，则应马上取开水来冲泡。夏天要先放水后放茶叶，冬天要先放茶叶后倒水。

　　茶叶的色泽以白色为最好，然而要让茶色发白也不是一件难事。泉水清澈、瓶子干净、芽多叶少、水味清冽，随煮随饮，茶的颜色自然发白，但是茶的味道抑郁其中没有散发，这么做只是为了一饱眼福罢了。如果把青绿色的茶当作好茶，那天池、松萝及岕茶中品类最差的，即使在寒冬腊月里，颜色仍然像苔衣一样，又哪里说得上是好？像我收藏的真洞山茶，在谷雨之后的五天，就用开水洗净，放在壶中存放了很长时间，它的色泽就跟白玉一样。到了冬天就会嫩绿，味道甘甜，色泽清淡，茶韵清幽，气味醇香，就像婴儿的体香一样。这种飘浮的芬芳，是虎丘茶所没有的。

　　《洞山岕茶系》中记载：岕茶的品质优良，功劳则要归于洗涤和控干两道工序。用沸腾的开水浇洗茶叶后立即捞出，用洗甭沥干水。等开水晾凉到能放进手指的时候，再放下洗甭，洗净其中的细沙与浮沫。然后再捞出来，用手指拧干水分，放到茶藏中储存等待冲泡。其他的茶叶应该按照煮水的时机分别投煮，唯独岕茶已经经过了洗涤控水，纹理清晰软绵润泽，只需用上投法冲泡就行了。

　　张大复的《梅花笔谈》中记载：茶叶的本性必须靠水来发挥，八分的茶叶遇到十分的水，茶也就有了十分。八分的水去泡十分的茶叶，那茶也就只有八分了。

　　《岩栖幽事》中记载：黄山谷的赋文里说："那种汹汹的气势，就像清风吹过松林一样；那种浩大的样子，就像春天的白云在空中流过。"这可以说是得到了煎茶的要诀。

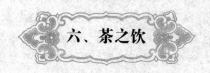

六、茶之饮

【原文】

　　唐冯贽《记事珠》：建安人谓斗茶曰茗战。

　　《北堂书钞》：杜育《荈赋》云："茶能调神、和内、解倦、除慵。"

　　《大观茶论》：点茶不一，以分轻清重浊，相稀稠得中，可欲则止。《桐君录》云："茗有饽，饮之宜人。"虽多不为过也。

　　夫茶以味为上，香甘重滑，为味之全。惟北苑、壑源之品兼之。卓绝之品，真香灵味，自然不同。

　　茶有真香，非龙麝可拟。要须蒸及熟而压之，及干而研，研细而造，则和美具足。入盏则馨香四达，秋爽洒然。

　　点茶之色，以纯白为上真，青白为次，灰白次之，黄白又次之。天时得于上，人力尽于下，茶必纯白。青白者，蒸压微生。灰白者，蒸压过熟。压膏不尽则色青暗。焙火太烈则色昏黑。

　　《侯鲭录》：东坡论茶：除烦已腻，世固不可一日无茶，然暗中损人不少，故或有忌而不饮者。昔人云，自茗饮盛后，人多患气、患黄，虽损益相半，而消阴助阳，益不偿损也。吾有一法，常自珍之，每食已，辄以浓茶漱口，烦腻既去，而脾胃不知。凡肉之在齿间，得茶漱涤，乃尽消缩，不觉脱去，毋须挑剔也。而齿性便

茶经·续茶经

苦，缘此渐坚密，蛊疾自已矣。然率用中茶，其上者亦不常有。间数日一啜，亦不为害也。此大是有理，而人罕知者，故详述之。

【译文】

唐代冯贽的《记事珠》中记载：建人把斗茶叫作茗战。

《北堂书钞》中记载：杜育的《荈赋》中提到："喝茶能调理精神、调和内脏、消解倦意、去除慵懒。"

《大观茶论》中记载：点茶的方法不拘一格，总的来说是通过加水来分辨茶汤的轻、清、重、浊，如果茶汤的浓度稀稠适中，就可以不加了。《桐君录》中说："茶汤表面有浮沫，喝了对人有好处。"即使喝多了也不过分。

对茶来说味道最重要，清香、回甘、厚重、润滑，这四个方面概括了茶的全部味道，只有北苑、壑源出产的茶才有这等品类。品质卓绝的好茶，拥有真香与灵味，当然与众不同。

茶真正的香味，不是龙麝等香料可以相比的。茶需要蒸到恰好熟时再压榨，等到干了的时候再研细，研细后再制作成茶饼，这样一来，茶饼才会平和味美，香气十足。将这样的茶放进茶盏中就会馨香四溢，如同清爽的秋天一样怡人。

点茶形成的茶汤成色，以色泽纯白为最佳，青白色稍次一些，灰白色又次一些，黄白色更次。上得天时，下尽人力，这样的茶色必定纯白。茶色青白的，是蒸压的时候稍微生了些。茶色灰白的，是蒸压的时候太过于熟了。如果压茶去汁没有去干净，茶色就会变得青暗。如果焙烤的火烧得太大，茶色就会变得昏黑。

《侯鲭录》中记载：苏东坡在论茶时说：茶可以除去烦

恼，消解油腻，世界上不可以一天没有茶，但是饮茶在暗中也害了不少人，所以有的人心有顾忌而不去饮茶。前人说，自喝茶之风盛行后，人们就容易患上呼吸和面黄等疾病，虽说喝茶对人身体的影响损益参半，消阴助阳，也得不偿失。我有一个方法，自己常年以来非常珍惜，每次吃饭以后，就用浓茶漱口，不仅去除了口腔中的油腻，而且不影响脾脏和肠胃。如果牙齿之间还残留有肉菜，用茶水漱口，就会全部消缩，不知不觉就去掉了，不用再挑了。牙齿生性就爱苦味，这样一来牙齿也会越来越坚固致密，各种牙病也就可以自行痊愈了。当然，大多数时候用的都是中等茶，最好的茶也不是常常能获得的。隔几天喝一次，也没有什么危害。这种方法很有道理，但很少有人知道，所以要在这里详细地叙述。

【原文】

　　沈存中《梦溪笔谈》：芽茶，古人谓之雀舌、麦颗，言其至嫩也。今茶之美者，其质素良，而所植之土又美，则新芽一发，便长寸余，其细如针。惟芽长为上品，以其质干、土力皆有余故也。如雀舌、麦颗者，极下材耳。乃北人不识，误为品题。

　　《煮泉小品》：人有以梅花、菊花、茉莉花荐茶者，虽风韵可赏，究损茶味。如品佳茶，亦无事此。今人荐茶，类下茶果，此尤近俗。是纵佳者能损茶味，亦宜去之。且下果则必用匙，若金银，大非山居之器，而铜又生铤，皆不可也。若旧称北人和以酥酪，蜀人入以白土①，此皆蛮饮，固不足责。

　　顾元庆《茶谱》：品茶八要：一品，二泉，三烹，四器，五试，六候，七侣，八勋。

张源《茶录》：饮茶，以客少为贵，众则喧，喧则雅趣乏矣。独啜曰幽，二客曰胜，三四曰趣，五六曰泛，七八曰施。

酾不宜早，饮不宜迟。酾早则茶神未发，饮迟则妙馥先消。

熊明遇《岕山茶记》：茶之色重、味重、香重者，俱非上品。松萝香重；六安味苦，而香与松萝同；天池亦有草莱②气，龙井如之。至云雾则色重而味浓矣。尝啜虎丘茶，色白而香似婴儿肉，真称精绝。

【注释】

①白土：指当地出土的井盐。　②草莱：本指丛生的杂草，这里用来形容茶中夹杂有野草的气息。

【译文】

沈存中的《梦溪笔谈》中记载：芽茶，古人也叫作雀舌、麦颗，说的是茶叶非常鲜嫩。如今的好茶，质量本身就好，加上种植的土壤又很肥沃，新芽只要一长出来，就有一寸多长，而且细长如针。只有芽长的茶才是上品，这是因为它的水分、种植的土壤都有余力的缘故。像雀舌、麦颗这样的茶，是品质很次的茶。因为北方人不懂茶，所以才错误地加以品评。

《煮泉小品》中记载：有人用梅花、菊花、茉莉花来佐茶，这种风韵虽然值得欣赏，但这种做法终究损害了茶的味道。如果要品尝好茶，也不要这样做。现在的人佐茶时，还会用些果品之类的东西，这种做法就更加俗气了。纵使是再好的果品也会损害茶的味道，所以最好要去掉。况且往茶里投放果子必须用勺子，金银制的，根本就不是山居生活该用的器具，铜质的又容易生锈，所以都不能用。如果像从前的北方人那样在茶中加进酥酪调和，或者像蜀地的人那样往茶中加进白盐，这都是蛮夷之人的喝法，因此也没必要去指责。

顾元庆的《茶谱》中记载：品茶有八大要素：一是品级，二是泉水，三是煮水，四是器具，五是试温，六是火候，七是茶伴，八是功用。

张源的《茶录》中记载：喝茶的时候，人少为最好，人多了就会有些喧闹，太喧闹就少了几分雅致与闲趣。独自一人喝茶可以称为幽饮；两个人喝茶可以称为胜饮；三四个人喝茶称为趣饮，五六个人喝茶叫作泛饮，七八个人喝茶叫作施茶。

斟茶不宜太早，饮茶不宜太迟。斟茶太早，茶的神韵还没有发出来；饮茶太迟，茶的精妙风味就已经消散了。"

熊明遇的《岕山茶记》中记载：茶叶的色泽、味道、香气如果太重，都算不上是好茶。松萝的茶香气很重；六安茶味道苦涩，但是香气类似松萝茶；天池茶中也有野草的气息，龙井茶也一样。至于云雾茶，更是色泽重且味道浓。我曾喝过虎丘茶，颜色又白又香，就像婴儿的肌肤一样，真的堪称精妙绝伦。

【原文】

《徐文长秘集·致品》：茶宜精舍，宜云林，宜磁瓶，宜竹灶，宜幽人雅士，宜衲子仙朋，宜永昼清谈，宜寒宵兀坐，宜松月下，宜花鸟间，宜清流白石，宜绿藓苍苔，宜素手汲泉，宜红妆扫雪，宜船头吹火，宜竹里飘烟。

《太平清话》：琉球国亦晓烹茶。设古鼎于几上，水将沸时投茶末一匙，以汤沃之。少顷奉饮，味清香。

《中山传信录》：琉球茶瓯颇大，斟茶止二三分，用果一小块贮匙内。此学中国献茶法也。

《瑞草论》云：茶之为用，味寒。若热渴、凝闷胸、目涩、四肢烦、百节不舒，聊四五啜，与醍醐甘露抗衡也。

《本草拾遗》：茗味苦，微寒，无毒，治五脏邪气，益意思，令人少卧，能轻身、明目、去痰、消渴、利水道。

蜀雅州名山茶有露钱芽、钱芽，皆云火之前者，言采造于禁火之前也。火后者次之。又有枳壳芽、枸杞芽、枇杷芽，皆治风疾。又有皂荚芽、槐芽、柳芽，乃上春摘其芽，和茶作之。故今南人输官茶，往往杂以众叶，惟茅芦、竹箬之类，不可以入茶。自馀山中草木、芽叶，皆可和合，而椿、柿叶尤奇。真茶性极冷，惟雅州蒙顶出者，温而主疗疾。

李时珍《本草》：服葳灵仙、土茯苓者，忌饮茶。

【译文】

《徐文长秘集·致品》中记载：喝茶应该在精舍、云林中，适宜用瓷瓶、竹灶，适合文人雅士、僧人道者，适宜彻夜清谈或在寒冷的夜晚独自而坐，适宜在松间月光下、花香鸟语间，适宜临近清澈的溪流、洁白的岩石与碧绿的苍苔，适宜素手汲泉，红妆扫雪，适宜在船头、竹林中升火飘烟。

《太平清话》中记载：琉球人也通晓煮茶之道。将古鼎放在茶几上，水快烧开时投放一茶匙茶末，用开水调和。过一会儿就能品饮，味道特别清香。

《中山传信录》中记载：琉球的茶瓯非常大，斟茶时倒二三分满就可以，并将一小块果子放在茶匙上，这是学习我们中国进献茶的方法啊。

《瑞草论》中记载：茶的功用，性味寒凉。如果燥热口渴，气滞胸闷，双眼干涩，四肢乏力，关节不适，仅仅只需喝四五杯茶，其效用就可以与甘露抗衡。

《本草拾遗》中记载：茶叶的味道发苦，性质微寒，没有毒性，能调治五脏里的邪气，对思维有好处，能减少人的睡意，能使人浑身轻松、眼睛明亮，还能化痰、解渴、利尿。

蜀地雅州著名的山茶叶有露铤芽、钱芽，都说是火前茶，据说是在寒食节禁火以前采摘制成的。火后茶要次一点。还有枳壳芽、枸杞芽、枇杷芽等，都能治疗风疾。又有皂荚芽、槐芽、柳芽等，乃是开春之际摘下它们的芽，跟茶叶掺和在一起制作的。所以今天南方输送的官茶中，往往会夹杂一些其他的叶子，众多叶子中只有茅芦、竹箬这些东西，不可以加进茶里。山中其他的草木、芽叶，都可以与茶掺和在一起，以椿树、柿树的叶子效果最好。真正的好茶性味寒凉，只有雅州蒙顶山出产的茶叶，因为性温能够治疗疾病。

李时珍的《本草纲目》中记载：服用了葳灵仙、土茯苓的人，不能喝茶。

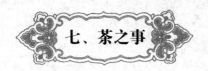

七、茶之事

茶经·续茶经

【原文】

《洛阳伽蓝记》：王肃初入魏，不食羊肉及酪浆等物，常饭鲫鱼羹，渴饮茗汁。京师士子道肃一饮一斗，号为漏卮。后数年，高祖见其食羊肉酪粥甚多，谓肃曰："羊肉何如鱼羹？茗饮何如酪浆？"肃对曰："羊者是陆产之最，鱼者乃水族之长，所好不同，并各称珍，以味言之，甚是优劣。羊比齐鲁大邦，鱼比邾莒①小国，惟茗不中，与酪作奴。"高祖大笑。彭城王勰谓肃曰："卿不重齐鲁大邦，而爱邾莒小国，何也？"肃对曰："乡曲所美，不得不好。"彭城王复谓曰："卿明日顾我，为卿设邾莒之食，亦有酪奴。"因此呼茗饮为酪奴。时给事中刘缟慕肃之风，专习茗饮。彭城王谓缟曰："卿不慕王侯八珍，而好苍头水厄②。海上有逐臭之夫，里内有学颦之妇，以卿言之，即是也。"盖彭城王家有吴奴，故以此言戏之。后梁武帝子西丰侯萧正德归降时，元义欲为设茗，先问："卿于水厄多少？"正德不晓义意，答曰："下官生于水乡，而立身以来，未遭阳侯③之难。"元义与举坐之客皆笑焉。

《唐书》：太和七年，罢吴蜀冬贡茶。太和九年，王涯献茶，以涯为榷茶使，茶之有税自涯始。十二月，诸道盐铁转运榷茶使令狐楚奏："榷茶不便于民。"从之。

陆龟蒙嗜茶，置园顾渚山下，岁取租茶，自判品第。张又新为《水说》七种，其二惠山泉、三虎丘井、六凇江水。人助其好者，虽百里为致之。日登舟设篷席，赍④束书、茶灶、笔床、钓具往来。江湖间俗人造门，罕覩其面。时谓江湖散人，或号天随子、甫里先生，自比涪翁、渔父、江上丈人。后以高士征，不至。

【注释】

①邾莒（zhū jǔ）：春秋时期的两个小国。 ②水厄：指饮茶。 ③阳侯：指水神。 ④赍（jī）：带着，拿着。

【译文】

《洛阳伽蓝记》中记载：王素刚到魏国的时候，不吃羊肉和酪浆等东西，常常就着鲫鱼汤下饭，渴了就喝点儿清茶。京师的士子都说王肃一次就能喝一斗，有"漏厄"的名号。数年后，高祖看到他能吃很多羊肉，也能喝很多酪浆，就问王肃："羊肉和鱼汤比起来怎么样？喝茶和喝酪浆比起来又怎么样？"王肃说："羊是陆地上出产的最好的东西，鱼是水中生物里最好的东西，每个人喜好不一样，各自都能被称为珍品。单就味道来讲，很难分出孰优孰劣。羊就好比是齐鲁等大国，而鱼则好比是邾莒小国，只有茶的味道不行，只能给酪浆当奴仆了！"高祖大笑。彭城王勰问王肃："你过去为什么不爱齐鲁大国，而偏爱邾莒小国呢？"王肃说："我的家乡风俗就把喝茶吃鱼作为美好的事情，所以我也不得不爱好。"彭城王勰又说："你明天来我家时，我给你准备邾莒小国的食物，以及酪浆的奴仆。"因此就有人把茶称为"酪奴"。时任给事中的刘缟仰慕王肃，所以专门学习喝茶。彭城王勰对刘缟说："你不喜欢王侯的八珍佳肴，反而喜欢学下人仆役之流去喝茶。听说，海上有追逐臭

茶经·续茶经

味的渔夫，街坊有东施效颦的妇人，就你来说，你也就是这样的人。"彭城王勰家里有吴国来的奴仆，所以故意用这样的话来戏弄他。后来梁武帝的儿子西丰侯萧正德归降时，元义想要请他喝茶，于是事先问他："你的水厄量有多少啊？"正德不知道元义的用意，回答说："下官生长在江南水乡，但从出生以来，至今还没有遭受过阳侯水神的灾难。"元义以及在座的所有宾客都笑了起来。

《唐书》中记载：太和七年，罢除了吴蜀两地的冬贡茶。太和九年，王涯献茶，就让王涯担任了榷茶使，茶税也是自王涯开始才有的。十二月，诸道盐铁转运榷茶使令狐楚上奏说："榷茶给民生带来了不便。"朝廷听从了他的奏书。

陆龟蒙喜好茶，在顾渚山下开辟了茶园，每年收取茶租，并且自行判定品级。张又新著写了《水说》七种，排第二的是惠山泉水，第三是虎丘井水，第六是淞江水。有人为了帮陆龟蒙取得好水，纵使相隔百里也帮他弄来。陆龟蒙则每天泛舟，并在船上摆设篷席，身上还带着书卷、茶灶、笔床、钓具往来品茶。江湖上的俗人登门拜访，很难得见到他。当时他被称为江湖散人，也有天随子、甫里先生的名号，他则自比涪翁、渔父、江上丈人。后来朝廷以高人的名义征他当官，他也没去。

【原文】

张又新《煎茶水记》：代宗朝，李季卿刺湖州，至维扬，逢陆处士鸿渐。李素熟陆名，有倾盖之欢，因之赴郡，泊扬子驿，将食，李曰："陆君善于茶，盖天下闻名矣。况扬子南零水又殊绝。今者二妙，千载一遇，何旷之乎。"命军士谨信者操舟挈瓶，深诣南零。陆利器以俟之。俄水至，陆以勺扬其水曰："江则江矣，非南零者，似临岸之水。"使曰："某操舟深入，见者累百，敢虚绐①乎？"陆不言，既而倾诸盆，至半，陆遽止之，又以勺扬之曰："自此南零者矣。"使蹶然大骇，伏罪曰："某自南零赍至岸，舟荡覆半，至，惧其鲜，挹岸水增之。处士之鉴，神鉴也，其敢隐乎！"李与宾从数十人皆大骇愕。

《茶经本传》：羽嗜茶，著经三篇。时鬻茶者，至陶羽形，置炀突间，祀为茶神。有常伯熊者，因羽论，复广著茶之功。御史大夫李季卿宣慰江南，次临淮，知伯熊善煮茗，召之。伯熊执器前，季卿为再举杯。其后尚茶成风。

陶谷《清异录》：有得建州茶膏，取作耐重儿八枚，胶以金缕，献于闽王曦，遇通文之祸，为内侍所盗，转遗贵人。

苻昭远不喜茶，尝为同列御史会茶，叹曰："此物面目严冷，了无和美之态，可谓冷面草也。"

孙樵《送茶与焦邢部书》云："晚甘侯十五人遣侍斋阁。此徒皆乘雷而摘，拜水而和，盖建阳丹山碧水之乡，月涧云龛之品，慎勿贱用之。"

汤悦有《森伯颂》，盖名茶也。方饮而森然严乎齿牙，既久，而四肢森然，二义一名，非熟乎汤瓯境界者谁能目之？

吴僧梵川，誓愿燃顶供养双林傅大士，自往蒙顶山上结庵种茶。凡三年，味方全美。得绝佳者曰圣杨花、吉祥蕊，共不逾五斤，持归供献。

宣城何子华邀客于剖金堂，酒半，出嘉阳严峻所画陆羽像悬之，子华因言："前代惑骏逸者为马癖，泥贯索者为钱癖，爱子者有誉儿癖，耽书者有《左传》癖，若此叟溺于茗事，何以名其癖？"杨粹仲曰："茶虽珍，未离草也，宜追目陆氏为甘草癖。"一座称佳。

【注释】

①绐（dài）：通"诒"，欺骗，欺诈。

【译文】

张又新的《煎茶水记》中记载：代宗在朝时期，李季卿在湖州担任刺史，到维扬时，遇到了陆羽。李季早就熟知陆羽的大名，相处不久便聊得很愉快，于是一同赶路。泊船到扬子驿时，到了吃饭的时间，李季说："陆先生善于煮茶，这是天下人都知道的，何况扬子江南零的水又特别好。当今两种绝妙齐聚，简直是千载难逢的机遇，可不能错过啊！"于是命令办事严谨可信的随行军士划着船拿着瓶，深入南零一带取水。陆羽洗净茶具等着水的到来。过了一会儿水来了，陆拿着勺子扬着水说："江水确实是江水，但不是南零水，像是靠近岸边的水。"军士说："我划着船深入南零一带取水，看到的人加起来有百来个，怎么敢欺骗你呢？"陆羽没有说话，把水慢慢地倒进了盆里，倒了一半时，陆羽忽然停下了，又拿着勺子扬着水说："从这里开始才是南零水。"那个军士大为惊骇，连忙伏罪说："我自南零回到岸边的时候，因为船的摇晃撒了一半，快到时，我担心水少了，就加了些岸边的水。您的鉴别能力，简直是神鉴，我怎么敢有隐瞒呢！"李季以及随行的数十名宾从都非常吃惊。

《茶经本传》中记载：陆羽极其喜欢喝茶，著有《茶经》三篇。当时卖茶的人，都将陶制的陆羽像放在灶间，并将他供奉为茶神。有个叫常伯熊的人，依照陆羽的论述，进一步推广了茶的功效。御史大夫李季卿担任宣慰使视察江南时，在临淮停留了下来，他知道常伯熊善于煮茶，于是召见他。常伯熊手拿茶具向前，李季卿为他再次举杯以示尊重。自此以后饮茶成为一种社会风气。

陶谷的《清异录》中记载：有人得到了建州的茶膏，取来制成八枚耐重儿茶，贴上金缕丝做成装饰，献给闽王曦，后来因为遭遇通文之祸，茶被内侍盗走，最终转送给了贵人。

符昭远不喜欢喝茶，曾经为同僚御史开茶会时，感叹道："这种东西面目严峻而冷酷，毫无和美的姿态，可以叫作冷面草。"

孙樵在《送茶与焦邢部书》中说："晚甘侯一行十五人，被派遣去侍奉书斋雅阁。这些人都是乘着春雷时节去采摘，然后以水来调和。这些茶产自建阳丹山碧水之乡，月涧云龛之中的上品，请不要随意地贱用了。"

汤悦著有《森伯颂》，所说的乃是一种名茶。刚开始饮用的时候，牙齿觉得森森然，时间久了之后，四肢觉得森森然，这两种含义蕴含于一个名字中，要不是熟谙茶道的人，谁又能看得出来呢？

吴国僧人梵川，发誓希望燃顶供养双林傅大士。于是亲自去往蒙顶山上结庵种茶。经过三年，制成了香全味美的茶叶，其中的绝品叫作"圣杨花""吉祥蕊"，加起来一共不到五斤，最终把它们全部带回用以供奉。

宣城的何子华邀请客人到剖金堂赴宴，酒宴过半时，拿出嘉阳严峻所作的陆羽画像并悬挂起来，子华于是说："前代人把沉迷于骏马的人叫作马癖，把喜欢收集钱财的人叫作钱癖，把喜欢称赞子女的人叫作誉儿癖，把喜欢读书的人叫作《左传》癖，像这位老先生喜欢沉湎于茶事之中，该怎样称呼他的癖好？"杨粹仲说："茶虽然珍贵，但并没有脱离草的本质，可以追认他叫甘草癖。"在座的所有人都说好。

【原文】

张芸叟《画墁录》：有唐茶品，以阳羡为上供，建溪北苑未著也。贞元中，常衮为建州刺史，始蒸焙而研之，谓研膏茶。其后稍为饼样，而穴其中，故谓之一串。陆羽所烹，惟是草茗尔。迨本朝建溪独盛，采焙制作，前世所未有也，士大夫珍尚鉴别，亦过古先。丁晋公为福建转运使，始制为凤团，后为龙团，贡不过四十饼，专拟上供，即近臣之家，徒闻之而未尝见也。天圣中，又为小团，其品迥嘉于大团。赐两府，然止于一斤，惟上大斋宿，两府八人，共赐小团一饼，缕之以金。八人析归，以侈非常之赐，亲知瞻玩，赓唱以诗，故欧阳永叔有《龙茶小录》。或以大团赐者，辄封^①方寸，以供佛、供仙、奉家庙，已而奉亲并待客享子弟之用。熙宁末，神宗有旨，建州制密云龙，其品又加于小团。自密云龙出，则二团少粗，以不能两好也。予元祐中详定殿试，是年分为制举考第，各蒙赐三饼，然亲知诛责，殆将不胜。

熙宁中，苏子容使北，姚麟为副，曰："盍载些小团茶乎？"子容曰："此乃供上之物，畴敢与北人。"未几，有贵公子使北，广贮团茶以往，自尔北人非团茶不纳也，非小团不贵也。彼以二团易蕃罗一匹，此以一罗酬四团，少不满意，即形言语。近有贵貂^②守边，以大团为常供，密云龙为好茶云。

《潜确类书》：宋绍兴中，少卿曹戬之母喜茗饮。

山初无井，戬乃斋戒祝天，斫地才尺，而清泉溢涌，因名孝感泉。

大理徐恪，建人也，见贻乡信铤子茶，茶面印文曰玉蝉膏，一种曰清风使。

蔡君谟善别茶，建安能仁院有茶生石缝间，盖精品也。寺僧采造得八饼，号石岩白。以四饼遗君谟，以四饼密遣人走京师遗王内翰禹玉。岁馀，君谟被召还阙，过访禹玉，禹玉命子弟于茶笥中选精品碾以待蔡，蔡捧瓯未尝，辄曰："此极似能仁寺石岩白，公何以得之？"禹玉未信，索帖验之，乃服。

【注释】

①刲（kuī）：切割。　②贵珰：有权有势的太监。

【译文】

　　张芸叟的《画墁录》中记载：唐代的茶品中，以阳羡茶为上品，建溪的北苑茶还没有名气。贞元年间，常衮担任建州刺史，开始蒸焙研茶，并把这种茶叫作研膏茶。后来稍稍有了茶饼的样子，在中间穿有一孔，所以被称为一串。陆羽所烹煮的，只是草叶茶罢了。到了本朝，建溪茶独享盛名，它的采焙制作工艺，都是前世所没有的，士大夫的珍惜崇尚程度以及鉴别的热情也超过了以前。丁晋公担任福建转运使的时候，开始制作凤团茶，后来又做龙团茶，上贡不超过四十饼，而且专用于上供，即使是近臣之家，也只是听闻过名声，不曾见过实物。天圣年间，又做成小团，其品质远远好过大团。赐给两府，也只有一斤的量，只有在皇上举行重大斋戒活动的晚上，两府八个人总共才赏赐了一饼小团茶，并用金缕丝裹了起来。八个人将茶饼分开拿回家，并将它当作非同寻常的赏赐，亲朋好友都来观瞻把玩，并赋诗吟唱，所以欧阳永叔写有《龙茶小录》。有时用大团茶来赏赐，就要分割成方寸的小块，用来供佛祖、供神仙、奉家庙，然后才能奉给双亲，招待客人，同子弟享用。熙宁末年，神宗下旨，建州制作密云龙，它的品质比小团更好。自密云龙出世后，二团茶就稍显粗糙了，这是因为无法兼顾两方面的原因。我在元祐年间详细制定了殿试制度，这一年分为制举考第，每人蒙赐了三饼茶，然而亲戚朋友诛求苛责，几乎不胜其扰。

熙宁年间，苏子容出使北国，姚麟担任副使臣，姚麟问："可以带一些小团茶吗？"苏子容说："这乃是供奉皇上的东西，怎么敢送给北国人呢！"没过多久，又有贵公子出使北国，储备了很多团茶前往，自此北国人非团茶不收，不是小团茶就认为不名贵。他们那边用两块团茶交换一匹蕃罗，我们这边为了得到一匹蕃罗，却要四块团茶，稍稍有些不满意，就会在言语上表现出来。近来有权有势的太监巡视北边，把大团茶作为常供的茶，而把密云龙当作好茶。

《潜确类书》中记载：宋朝绍兴年间，少卿曹戬的母亲喜欢喝茶。山中最初没有水井，曹戬就行斋戒向天祷告，凿地仅仅一尺多，清泉就溢满涌出，因此命名为孝感泉。

大理寺卿徐恪是建州人，收到了家乡的来信并得到了铤子茶，茶的表面印有文字，一种叫"玉蝉膏"，一种叫"清风使"。

蔡君谟特别擅长品鉴茶，建安能仁院有一种茶，生长在石缝之间，是茶叶中的精品。寺中的僧人采摘茶叶制成了八饼茶，并将其称为"石岩白"。四饼茶送给了蔡君谟，四饼茶秘密派人送到京城给了翰林学士王禹玉。一年多以后，蔡君谟被召回京城，路过拜访王禹玉府上时，王禹玉命令子弟在茶筒中挑选精品茶叶，碾制煎煮后来招待蔡君谟，蔡君谟捧着茶瓯，还没有品尝，就说："这茶像极了能仁寺的石岩白，请问您是怎么得到的呢？"王禹玉不相信，索要帖子进行验证，果然没错，于是拜服蔡君谟的品鉴能力。

【原文】

《月令广义》：蜀之雅州名山县蒙山有五峰，峰顶有茶园，中顶最高处曰上清峰，产甘露茶。昔有僧病冷且久，尝遇老父询其病，僧具告之。父曰："何不饮茶？"僧曰："本以茶冷，岂能止乎？"父曰："是非常茶，仙家有所谓雷鸣者，而亦闻乎？"僧曰："未也。"父曰："蒙之中顶有茶，当以春分前后多抅①人力，俟雷之发声，并手采摘，以多为贵，至三日乃止。若获一两，以本处水煎服，能祛宿疾。服二两，终身无病。服三两，可以换骨。服四两，即为地仙。但精洁治之，无不效者。"僧因之中顶筑室以俟，及期，获一两馀，服未竟而病瘥②。惜不能久住博求。而精健至八十馀岁，气力不衰。时到城市，观其貌若年三十馀者，眉发绀绿。后入青城山，不知所终。今四顶茶园不废，惟中顶草木繁茂，重云积雾，蔽亏日月，鸷兽时出，人迹罕到矣。

尝见《茶供说》云：娄江逸人朱汝圭，精于茶事，将以茶隐，欲求为之记，愿岁岁采渚山青芽，为余作供。余观楞严坛中设供，取白牛乳、砂糖、纯蜜之类。西方沙门婆罗门，以葡萄、甘蔗浆为上供，未有以茶供者。鸿渐长于苾刍③者也，杼山禅伯也，而鸿渐《茶经》、杼山《茶歌》俱不云供佛。西土以贯花燃香供佛，不以茶供，斯亦供养之缺典也。汝圭益精心治办茶事，金芽素瓷，清净供佛，他生受报，往生香国。经诸

茶经·续茶经

妙香而作佛事，岂但如丹丘羽人饮茶，生羽翼而已哉！余不敢当汝圭之茶供，请以茶供佛。后之精于茶道者，以采茶供佛为佛事，则自余之谂④汝圭始，爰作《茶供说》以赠。

【注释】

①抅：同"拘"。　②病瘥（chài）：即病愈。　③苾刍（bì chú）：生长于西域地区的一种草，梵语中代指出家的佛门弟子。　④谂（shěn）：劝谏，规谏。

【译文】

《月令广义》中记载：蜀地的雅州名山县蒙顶山有五座山峰，峰顶有座茶园，中顶的最高处叫作上清峰，出产甘露茶。以前有个僧人，患畏冷的疾病很久了，曾经遇到一位老人家询问他的病情，僧人悉数告知。老人家说："为什么不饮茶呢？"僧人说："本来以为茶叶是凉性的，难道能够让我不再畏冷吗？"老人家说："这不是寻常的茶，仙家所说的雷鸣茶，你听过没？"僧人回答说："没有。"老人家说："蒙山的中顶有茶，应当在春分时节前后多召集人力，等到春雷响时，齐手采摘，采得越多越好，采到第三天就不要采了。如果获得一两这种茶，用当地的水煎服，能祛除慢性疾病。如果服用二两，终生不会得病。如果服用三两，身体状况可以脱胎换骨。如果服用四两，就是地上的神仙了。只要制作、服用的过程精心而洁净，没有不起效的。"僧人于是去中顶上修建居室静静等待，到了春分时节，收获了一两多的茶叶，还没有服用完，病就好了。只可惜不能在山上久住以收获更多茶叶。就是这样，他也精力充沛、身体健康地活到了八十多岁，气力没有衰减。到了城里，人们观察他的样貌，就好像三十多岁的人一样，眉毛头发呈现绀绿色。后来他进入青城山修仙，不知所终。现在四个顶峰上的茶园都没有荒废，只是中顶上的茶园草木繁茂，云雾缭绕，遮天蔽日，不时有鸟兽出没，成了人迹罕至的地方。

我曾见到《茶供说》中记载：娄江的逸者朱汝圭，精通茶事，打算因为茶而归隐，想请求我为他做传记，愿意每年采摘渚山的青芽来给我做供。我观察了楞严坛中摆设的供品，有取用白牛奶、砂糖、纯蜜等；西方的沙门婆罗门，则以葡萄、甘蔗浆作为上供的物品，没有用茶来上供的。陆羽是佛门弟子，杼山禅伯也是，但是陆羽的《茶经》、杼山的《茶歌》中，都没有提到供佛。西域人士用贯花燃香供佛，而不用茶供，这也是供奉没有典制的缘故。朱汝圭精心置备茶事，使用金芽与素瓷，清净地供奉佛祖，来生一定会受到福报，能在佛国获得新生。用各种各样的奇妙香料来做佛事，岂不是像丹丘羽人那样喝茶，能生羽翼就行了呢？我不敢成为朱汝圭的茶供对象，只能希望他用茶来供奉佛祖。后世专精于茶道的人，把采茶供奉佛祖作为佛事，那么，就是从我劝谏朱汝圭开始的，于是写下《茶供说》送给他。

【原文】

冒巢民《岕茶汇钞》：忆四十七年前，有吴人柯姓者，熟于阳羡茶山，每桐初露白之际，为余入岕，箬笼携来十馀种，其最精妙者，不过斤许数两耳。味老香深，具芝兰金石之性。十五年以为恒。后宛姬从吴门归余，则岕片必需半塘顾子兼，黄熟香必金平叔，茶香双妙，更入精微。然顾、金茶香之供，每岁必先虞山柳夫人、吾邑陇西之旧姬与余共宛姬，而后他及。

金沙于象明携岕茶来，绝妙。金沙之于精鉴赏，甲于江南，而岕山之棋盘顶，久归于家，每岁其尊人必躬往采制。今夏携来庙后、棋顶、涨沙、本山诸种，各有差等，然道地之极真极妙，二十年所无。又辨水候火，与手自洗，烹之细洁，使茶之色香性情，从文人之奇嗜异好，一一淋漓而出。诚如丹丘羽人所谓饮茶生羽翼者，真衰年称心乐事也。

吴门七十四老人朱汝圭，携茶过访，与象明颇同，多花香一种。汝圭之嗜茶自幼，如世人之结斋于胎年，十四入岕，迄今春夏不渝者百二十番，夺食色以好之。有子孙为名诸生，老不受其养。谓不嗜茶，为不似阿翁。每竦骨入山，卧游虎虺[1]，负笼入肆，啸傲瓯香。晨夕涤瓷洗叶，啜弄无休，指爪齿颊与语言激扬赞颂之津津，恒有喜神妙气与茶相长养，真奇癖也。

【注释】

①虺（huǐ）：记载于古籍中的一种蛇，有毒。

【译文】

冒巢民的《岕茶汇钞》中记载：记得四十七年前，有一个姓柯的吴国人，对于阳羡茶山很熟悉，每年桐树花刚刚见白的时候，就为我深入岕山，用箬笼带回十余种茶叶，其中最为精妙的，不过就是一斤多或者几两而已。其茶味道浓郁香气幽深，具有芝兰金石的品性。十五年以来一直如此。后来宛姬嫁入我家，则要求岕片茶必须是半塘顾子兼制作的，黄熟香必须是金平叔制作的，集茶叶香料双绝于一体，更加精微。然而顾、金两家供应的茶叶与香料，每年一定会先给虞山的柳夫人、我们城里陇西的旧姬、我还有宛姬之后，才供应给其他人。

全沙于象明带来的芥茶，绝对精妙。金沙于氏精通茶叶鉴赏，在整个江南都是一流的，而芥山的棋盘顶，早已归属他家，每年他的尊亲必定亲自前去采制。今年夏天带来了庙后、棋顶、涨沙、本山等诸多品种，各有品级，但都是正宗的极品芥茶，二十年来都没有见过。他还懂得辨别水质、掌握火候，亲自用手洗茶，烹煮过程细致而清洁，使得茶叶的色泽、香气、性质、情韵，以及文人才有的奇异爱好，一一展现得淋漓尽致。这就像丹丘羽人所说的饮茶生羽翼，真是老年时期的称心乐事啊。

吴门的七十四岁老人朱汝圭，带着茶叶前来拜访，他的茶与象明带来的非常相似，只是多了花香一种。朱汝圭从小就喜欢喝茶，好比世人从胎里就开始吃斋一样，他从十四岁开始进入芥山，时至今日，历经了一百二十番春夏且没有改变，这种嗜好已经超越了食色之性。他有子孙，是著名的生员，但他到老也不接受他们的赡养，说是他们不喜欢喝茶，不像他们的爷爷。朱汝圭每次都辣骨进山，潜入虎虺出没的地方，再背着茶笼进入茶肆，为自己的茶瓯有清香而放歌长啸并以此为傲。他从早到晚都在清洗茶具茶叶，品弄茶叶没有休止，全身上下留有茶香，谈及茶事更是言语激扬，津津乐道，永远有喜悦的神情与精妙的气质与茶相相辅相成，这真是一种奇特的癖好啊。

【原文】

郎瑛《七修类稿》：歙①人闵汶水，居桃叶渡上，予往品茶其家，见其水火自任，以小酒盏酌客，颇极烹饮态，正如德山担青龙钞，高自矜许而已，不足异也。秣陵好事者，尝诮闵无茶，谓闵客得闵茶②，咸制为罗囊，佩而嗅之，以代旃檀③。实则闵不重汶水也。闵客游秣陵者，宋比玉、洪仲章辈，类依附吴儿强作解事，贱家鸡而贵野鹜，宜为其所消软！三山薛老亦秦淮汶水也。薛尝言汶水假他味作兰香，究使茶之真味尽失。汶水而在，闻此亦当色沮。薛尝住岃崱④，自为剪焙，遂欲驾汶水上。余谓茶难以香名，况以兰定茶，乃咫尺见也，颇以薛老论为善。

延邵人呼茶人为碧竖，富沙陷后，碧竖尽在绿林中矣。

蔡忠惠《茶录》石刻在瓯宁邑庠壁间。予五年前拓数纸寄所知，今漫漶⑤不如前矣。

闽酒数郡如一，茶亦类是。今年予得茶甚夥⑥，学坡公义酒⑦事，尽合为一，然与未合无异也。

【注释】

①歙（shè）：地名，在今安徽境内。　②闽茶：疑为"闵茶"，指闵汶水制的茶。　③旃（zhān）檀：即檀香。　④岃崱（lì zè）：指高耸的山峰。　⑤漫漶（huàn）：模糊难辨。　⑥夥（huǒ）：多。　⑦义酒：把酒混在一起。

【译文】

郎瑛的《七修类稿》中记载：歙人闵汶水，居住在桃叶渡上，我去他家品茶，见他煮水烧火都是自己来做，拿小酒杯给客人斟茶，颇有煮茶品茗的样子，但这就好像德山和尚宣鉴担青龙钞，只不过是自恃清高罢了，不足以感到奇怪。秣陵有好事者，曾经讥讽闽地没有茶，说闽地的人得到闵汶水制的茶后，就都制作成罗囊，然后佩戴在身上用来嗅闻，从而代替檀香。实际上闽地的人也看不起闵汶水。到南京游玩的闽地客人，如宋比玉、洪仲章等人，都是依附吴人而强作解事，这种认为家鸡低贱野鹜高贵的事，就该被人讥诮! 三山的薛老就是秦淮岸边的"闵汶水"。薛老曾经说闵汶水借用其他味道的东西来制作兰香茶，最终让茶真正的味道完全丧失。如果闵汶水还在的话，听到这里估计要神色羞愧了。薛老曾经住在高耸的山峰上，亲自修剪茶树烘焙茶叶，希望能超越闵汶水。我认为茶很难用香味来命名，何况用兰香来鉴定茶，本身就是一种目光短浅的做法，所以我认为薛老的观点是对的。

延邵人把制茶的人称为碧竖，富沙沦陷之后，碧竖都成了绿林中人。

蔡忠惠的《茶录》石刻位于瓯宁邑私塾的墙壁上。我五年前曾经拓印了很多张寄给朋友，现在上面的字迹已经模糊难辨了。

闽地产的酒，各个城市镇都差不多，茶也是这样。今年我得到了很多茶，学着苏东坡把酒混在一起的做法，把这些茶也都混合到了一块儿，发现跟没合在一起没什么区别。

八、茶之出

【原文】

　　《国史补》：风俗贵茶，其名品益众。剑南有蒙顶石花，或小方、散芽，号为第一。湖州顾渚之紫笋，东川有神泉小团、绿昌明、兽目，峡州有小江园、碧涧寮、明月房、茱萸寮，福州有柏岩、方山露芽，婺州有东白、举岩、碧貌，建安有青凤髓，夔州有香山，江陵有楠木，湖南有衡山，睦州有鸠坑，洪州有西山之白露，寿州有霍山之黄芽，绵州之松岭，雅州之露芽，南康之云居，彭州之仙崖、石花，渠江之薄片，邛州之火井、思安，黔阳之都濡、高株，泸川之纳溪、梅岭，义兴之阳羡、春池，阳凤岭，皆品第之最著者也。

　　《文献通考》：片茶之出于建州者，有龙、凤、石乳、的乳、白乳、头金、蜡面、头骨、次骨、末骨、粗骨、山挺十二等，以充岁贡及邦国之用，洎①本路食茶。馀州片茶，有进宝双胜、宝山两府，出兴国军；仙芝、嫩蕊、福合、禄合、运合、脂合，出饶、池州；泥片，出虔州；绿英金片，出袁州；玉津，出临江军；灵川，出福州；先春、早春、华英、来泉、胜金，出歙州；独行灵草、绿芽片金、金茗，出潭州；大拓枕，出江陵、大小巴陵；开胜、开卷、小卷、生黄翎毛，出岳州；双上绿牙、大小方，出岳、辰、澧州；东首、浅山薄侧，出光州。总二十六名。其两浙及宣、江、鼎州，止以上中下或第一至第五为号。其散茶，则有太湖、龙溪、次号、末号，出淮南；岳麓、草子、杨树、雨前、雨后，出荆湖；清口，出归州；茗子，出江南。总十一名。

【注释】

①洎（jì）：及

【译文】

《国史补》中记载：民间风俗以茶为贵，茶叶中有名的品种自然就更多。剑南地区有蒙顶石花茶，小方茶，散芽茶，号称是天下第一。湖州地区有顾渚紫笋茶；东川地区有神泉小团茶、绿昌明茶、兽目茶；峡州地区有小江园茶、碧涧寮茶、明月房茶、茱萸寮茶；福州地区有柏岩茶、方山露芽茶；婺州地区有东白茶、举岩茶、碧貌茶；建安地区有青凤髓茶；夔州地区有香山茶；江陵地区有楠木茶；湖南地区有衡山茶；睦州地区有鸠坑茶；洪州地区有西山白露茶；寿州地区有霍山黄芽茶；绵州地区有松岭茶；雅州地区有露芽茶；南康地区有云居茶；彭州地区有仙崖茶和石花茶；渠江地区有薄片茶；邛州地区有火井茶、思安茶；黔阳地区有都濡茶、高株茶；泸州地区有纳溪茶、梅岭茶；义兴地区有阳羡茶、春池茶、阳凤岭茶，这些都是品质卓著的茶。

《文献通考》中记载：出产于建州地区的片茶，分为龙团茶、凤团茶、石乳茶、的乳茶、白乳茶、头金茶、蜡面茶、头骨茶、次骨茶、末骨茶、粗骨茶、山挺茶这十二个等级，这些都用来充当每年的贡茶，或作为国家大事时的用茶，以及本路的食用之茶。其他各个州县出产的片茶，有进宝双胜、宝山两府，出产自兴国军；仙芝、嫩蕊、福合、禄合、运合、脂合等，出产自饶州、池州；泥片茶，出产自虔州；绿英金片

茶经·续茶经

茶，出产自袁州；玉津茶，出产自临江军；灵川茶，出产自福州；先春、早春、华英、来泉、胜金等，出产自歙州；独行灵草、绿芽片金、金茗等，出产自潭州；大拓枕茶，出产自江陵和大小巴陵；开胜、开捲、小捲、生黄翎毛等，出产自岳州；双上绿牙、大小方茶，出产自岳州、辰州和澧州；东首、浅山薄侧等茶，出产自光州的。这些茶一共有二十六种名类。其中两浙以及宣州、江州、鼎州这些地方，只以上、中、下或者是第一等、第二等、第三等、第四等、第五等来称呼。至于散茶，主要有太湖、龙溪、次号、末号等茶，出产自淮南地区；岳麓、草子、杨树、雨前、雨后等茶，出产自荆湖地区；清口茶，出产自归州；茗子茶，出产自江南。这些茶一共有十一种名类。

【原文】

叶梦得《避暑录话》：北苑茶，正所产为曾坑，谓之正焙；非曾坑为沙溪，谓之外焙。二地相去不远，而茶种悬绝。沙溪色白，过于曾坑，但味短而微涩，识者一啜，如别泾渭也。余始疑地气土宜，不应顿异如此。及来山中，每开辟径路，剗①治岩窦，有寻丈之间，土色各殊，肥瘠紧缓燥润，亦从而不同。并植两木于数步之间，封培灌溉略等，而生死丰悴如二物者。然后知事不经见，不可必信也。草茶极品惟双井、顾渚，亦不过各有数亩。双井在分宁县，其地属黄氏鲁直家也。元祐间，鲁直力推赏于京师，族人交致之，然岁仅得一二斤尔。顾渚在长兴县，所谓吉祥寺也，其半为今刘侍郎希范家所有。两地所产，岁亦止五六斤。近岁寺僧求之者，多不暇精择，不及刘氏远甚。余岁求于刘氏，过半斤则不复佳。盖茶味虽均，其精者在嫩芽。取其初萌如雀舌者，谓之枪。稍敷而为叶者，谓之旗。旗非所贵，不得已取一枪一旗犹可，过是则老矣。此所以为难得也。

《归田录》：腊茶出于剑、建，草茶盛于两浙。两浙之品，日注为第一。自景祐以后，洪州双井白芽渐盛，近岁制作尤精，囊以红纱，不过一二两，以常茶十数斤养之，用辟暑湿之气。其品远出日注上，遂为草茶第一。

《云麓漫钞》：茶出浙西，湖州为上，江南常州次之。湖州出长兴顾渚山中，常州出义兴君山悬脚岭北岸下等处。

【注释】

①刳（kū）：从中间剖开再挖空。

【译文】

叶梦得的《避暑录话》中记载：北苑茶，正宗的出产地在曾坑，被叫作正焙；不是曾坑所产，而是沙溪出产的则被叫作外焙。这两个地方相距并不远，但茶的品质种类十分悬殊。沙溪产的茶色泽发白，超过了曾坑产的茶，但味道不悠长且微微发涩，懂茶的人一喝，就像区分泾渭一样很好辨别。我开始怀疑这是由于地气与土壤的缘故，但也不应该有这么大的差别。等来到山中，每次开辟小路，剖开治理岩石间的洞窟时才发现，有时几丈远的距离，土壤的颜色都各不相同的，因此土壤的肥瘦、坡度的陡缓、土质的干湿等也会相应不同。若是在相隔几步之遥的地方同时种上两株茶树，封土、培植、灌溉等都大致相同，然而两株茶树表现出的生死、荣枯，就好像是两种东西一样。自此以后我才知道事情若不是亲眼所见，就不能断然轻信。草茶中的极品只有双井茶和顾渚茶，这两种茶各自也不过只有几亩的茶园。双井茶出产于分宁县，这片地方属于黄鲁直的家。元祐年间，黄鲁直在京城极力推荐，他家族里的人也都将收获的茶一并寄送给他，就算是这样，一年也就能获得一两斤而已。顾渚茶出产自长兴县，所说的吉祥寺，一半都归今朝侍郎刘希范家所拥有。这两个地方出产的茶，每年也就只有五六斤。近些年，寺院中的僧侣前来求取茶叶，大多数时候都没有时间去精挑细选，品质远远比不上刘氏家里所种的茶。我每年都找刘氏求取茶叶，超过了半斤，茶叶的质量就不那么好了。茶的味道虽然差不多，但茶的精华都在嫩芽上。摘取刚刚萌芽像雀舌一样的，这种茶芽被称为枪。稍稍舒展开成为叶子的，被称为旗。旗并不珍贵，如果迫不得已，取用一枪一旗也是可以的，过了这个标准的就老了。这就是极品名茶难以获得的原因了。

《归田录》中记载：腊茶出产自剑、建两地；草茶盛产于两浙地区。两浙的茶品中，日注茶排第一。景祐年间以后，洪州所产的双井白芽也逐渐有了盛名，近些年来的制作工艺也更为精细，并用红纱包装，每包重不超过一、二两，却要用十几斤的普通茶来保养它，用来避免酷暑天的潮湿气。它的品质远远超出了日注茶，因此被称为草茶中的第一。

《云麓漫钞》中记载：出产自浙西地区的茶叶，以湖州茶为上品，出产于江南常州的茶稍次一些。湖州的茶产自长兴顾渚的山中，常州的茶产自义兴君山悬脚岭北岸下方等地。

【原文】

杨文公《谈苑》：蜡茶出建州，陆羽《茶经》尚未知之，但言福建等州未详，往往得之，其味甚佳。江左近日方有蜡面之号。丁谓《北苑茶录》云："创造之始，莫有知者。"质之三馆检讨杜镐，亦曰在江左日，始记有研膏茶。欧阳公《归田录》亦云出福建，而不言所起。按唐氏诸家说中，往往有蜡面茶之语，则是自唐有之也。

《洞山岕茶系》：罗岕，去宜兴而南，逾八九十里。浙直分界，只一山冈，冈南即长兴山。两峰相阻，介就夷旷者，人呼为岕云。履其地，始知古人制字有意。今字书岕字，但注云"山名耳"。有八十八处，前横大洞，水泉清驶，漱润茶根，泄山土之肥泽，故洞山为诸岕之最。自西氿①溯涨渚而入，取道茗岭，甚险恶（原注：县西南八十里）。自东氿溯湖㳇而入，取道瀧岭，稍夷，才通车骑。

所出之茶，厥有四品：第一品，老庙后。庙祀山之土神者，瑞草丛郁，殆比茶星肸蚃②矣。地不下二三亩，苕溪姚象先与婿分有之。茶皆古本，每年产不过二十斤，色淡黄不绿，叶筋淡白而厚，制成梗绝少。入汤，色柔白如玉露，味甘，芳香藏味中，空濛深永，啜之愈出，致在有无之外。第二品，新庙后、棋盘顶、纱帽顶、手巾条、姚八房及吴江周氏地，产茶亦不能多。香幽色白，味冷隽，与老庙不甚别，啜之差觉其薄耳。此皆洞顶岕也。总之，岕品至此，清如孤竹，和如柳下，并入圣矣。今人以色浓香烈为岕茶，真耳食而眯其似也。第三品，庙后涨沙、大袁头、姚洞、罗洞、王洞、范洞、白石。第四品，下涨沙、梧桐洞、余洞、石场、丫头岕、留青岕、黄龙、岩灶、龙池。此皆平洞本岕也。外山之长潮、青口、箵庄、顾渚、茅山岕，俱不入品。

①西氿（jiǔ）：湖名，在今江苏省境内。后文"东氿"亦同。 ②胅襄（bì xiǎng）：通灵。

【译文】

杨文公的《谈苑》中记载：蜡茶出产自建州，陆羽在写《茶经》时还不知道有这种茶，只是说关于福建等州的产茶情况不详，但常常能够获得一些，品尝过觉得味道很好。江南地区最近有了蜡面茶的叫法。丁谓在《北苑茶录》中说："在最初制造的时候，并没有人知道。"询问三馆检讨杜镐的时候，他也说在江南任职的时日里，才知道那里有一种研膏茶。欧阳修在他的《归田录》中也说到蜡面茶产自福建，但并没有提及它的起源。唐朝诸位大家的文章中，常常可以看到"蜡面茶"的字样，由此可以判定自唐朝时就已经有了蜡面茶。

《洞山岕茶系》中记载：罗岕，位于宜兴以南，距离超过八九十里。位于浙直交界地带，只有一座山冈，在山冈南面就是长兴山。两座山峰相互阻隔，形成了中间平坦广阔的山冈，人们就把这个地方叫作岕。踏足这片土地，才知道古人造这个字是有寓意的。现代字书中的"岕"字，只注明说是山的名字罢了。此地其实有八十八个去处，前有一道大的山涧横向流过，流动的泉水非常清澈，淘洗滋养着茶树的根本，流泄着山中土壤的肥沃润泽，所以洞山所出产的茶叶是岕茶中的极品。从西氿逆着涨渚而上，取道茗岭，路途十分险恶（作者原注：位于县城西南方八十里的地方）。从东氿逆着湖氿而上，取道滠岭，这一路地势稍平坦，刚好能让车马通行。

罗岕出产的茶，可以分成四种品级：第一品级，产自老庙后。老庙是祭祀山里土地神的地方，草木丛生且葱郁，似乎象征着茶星能够通灵。这里的地不下二三亩，分别归茗溪的姚象先和他的女婿所有。茶树都是古木，每年产出的茶不超过二十斤，色泽淡黄而不绿，叶片的筋脉淡白而不坚厚，制成的茶饼中很少有梗。入汤后，色泽柔白就像玉露一样，味道甘甜，其芳香蕴藏于茶味之中，空濛而深永，越细品就越有味道，其雅致风韵在于有无之外。第二品级，出产于新庙后、棋盘顶、纱帽顶、手巾条、姚八房以及吴江周氏等地，产茶量也不是很多。茶味幽香色泽白润，味道清凉隽永，与产自老庙后的茶没有太大差别，只是品尝起来味道稍微淡薄一些。这些都是产自洞山顶上的岕茶。总而言之，岕茶的品质，如孤竹君一样清雅，如柳下君一样和美，可以一并被尊为圣人。现在的人把色泽浓重味道浓烈的茶当作岕茶，这真是只凭耳闻，眯起眼睛将似是而非的东西当作真相啊！第三品级，产自老庙后的涨沙、大袁头、姚洞、罗洞、王洞、范洞、白石等地。第四品级，产自下涨沙、梧桐洞、余洞、石场、丫头岕、留青岕、黄龙、岩灶、龙池等地。这些都是平洞出产的本岕茶。而外山出产的长潮、青口、箬庄、顾渚、茅山岕等，都排不上品级。

【原文】

吴从先《茗说》：松萝，予土产也，色如梨花，香如豆蕊，饮如嚼雪。种愈佳，则色愈白，即经宿无茶痕，固足美也。秋露白片子，更轻清若空，但香大惹人，难久贮，非富家不能藏耳。真者其妙若此，略混他地一片，色遂作恶，不可观矣。然松萝地如掌，所产几许，而求者四方云至，安得不以他混耶？

冯可宾《岕茶笺》：环长兴境，产茶者曰罗嶰、曰白岩、曰乌瞻、曰青东、曰顾渚、曰篆浦，不可指数。独罗嶰最胜。环嶰境十里而遥，为嶰者亦不可指数。嶰而曰岕，两山之介也。罗隐隐此，故名。在小秦王庙后，所以称庙后罗岕也。洞山之岕，南面阳光，朝旭夕辉，云瀼①雾浮，所以味迥别也。

劳大与《瓯江逸志》：浙东多茶品，雁宕山称第一。每岁谷雨前三日，采摘茶芽进贡。一枪二旗而白毛者，名曰明茶；谷雨日采者，名雨茶。一种紫茶，其色红紫，其味尤佳，香气尤清，又名玄茶，其味皆似天池而稍薄。难种薄收，土人厌人求索，园圃中少种，间有之，亦为识者取去。按卢仝《茶经》云："温州无好茶，天台瀑布水、瓯水味薄，惟雁宕山水为佳。"此茶亦为第一，曰去腥腻、除烦恼、却昏散、消积食。但以锡瓶贮者，得清香味，不以锡瓶贮者，其色虽不堪观，而滋味且佳，同阳羡山岕茶无二无别。采摘近夏，不宜早；炒做宜熟，不宜生，如法可贮二三年。愈佳愈能消宿食醒酒，此为最者。

【注释】

①瀼（wěng）：形容云雾涌起的样子。

【译文】

吴从先的《茗说》中记载：松萝茶是我家乡的土特产，颜色像梨花，香味像豆蕊，品尝起来就像是在咀嚼雪花。品种越好，其颜色就越白，即使放置一夜也不会在周围留下茶的痕迹，本来就十分美好。至于说秋露白的片子茶，则更为轻清若空，只因为香气浓郁而惹人喜爱，不过却难以放置很长时间，除非是富贵人家，否则难以收藏。真正的松萝茶就是这么精妙，稍稍混进去一些其他的茶，它的色泽很快就会被破坏，就不好看了。然而出产松萝茶的地方只有巴掌大，产量有限，求取茶叶的人却从四面八方云涌而至，又怎么可能不混杂进其他的茶呢？

冯可宾的《岕茶笺》中记载：环绕长兴县境周围，产茶的地方主要有罗嶂、白岩、乌瞻、青东、顾渚、篠浦等，无法一一列举出来。其中以罗嶂出产的茶叶最负盛名。环绕罗嶂方圆十里远的地方，叫罗嶂的地名也无法一一列举出来。嶂又被称作是岕，其意思是介于两山之间。罗隐曾经在这个地方隐居，所以就用他的姓来命名这个地方。又因为这里位于小秦王庙的后面，所以又被称作"庙后罗岕"。洞山的岕茶，南面迎着阳光，早晨的时候有朝阳，傍晚时分又有夕阳，加上云雾的缭绕，所以它的味道和其他的茶相比有很大的区别。

劳大与的《瓯江逸志》中记载：浙东地区的茶品种类很多，雁宕山地区所出产的茶排名第一。每年谷雨前的三日，都会采摘这里的茶芽进贡给朝廷。其中一枪二旗还带有白毛的茶，叫作明茶；谷雨时节当天采摘的茶，叫作雨茶。有一种紫茶，它的颜色发红发紫，味道尤其好，香味特别清新，又被称为玄茶。它的味道很像天池茶但要稍微淡一些。这种茶很难种植而且收成很少，当地的居民都很讨厌外面的人来求索茶叶，园圃里面种植的也很少，偶尔种了一些，也被识得这种茶的人取走了。按照卢仝在《茶经》中的说法："温州没有好的茶，天台山瀑布的水、瓯江水的味道寡淡，只有雁宕山的水味道不错。"这个地方的茶也是第一等的，说是能去腥解腻、消除烦恼、祛除昏散、消积化食。只有用锡瓶贮存的茶，才能品到它的清香味，不用锡瓶贮存的茶，颜色虽然不好看，但茶的味道还是很好的，和阳羡山产的荈茶没有什么分别。这里的茶要在接近夏天时采摘，不宜摘得过早；在炒制茶叶的时候宁可炒熟一些也不要生，按照这个方法炒制出来的茶能贮存两到三年。茶越好，消除夜间积食以及醒酒的效果就越好，又以这种茶效果最佳。

【原文】

《品茶要录》：壑源、沙溪，其地相背，而中隔一岭，其去无数里之遥，然茶产顿殊。有能出力移栽植之，亦为风土所化。窃尝怪茶之为草，一物耳，其势必犹得地而后异。岂水络地脉偏钟粹于壑源，抑御焙占此大冈巍陇，神物伏护，得其馀荫哉？何其甘芳精至而美擅天下也。观夫春雷一鸣，筍笼才起，售者已担簦①挈囊于其门，或先期而散留金钱，或茶才入笪②而争酬所直。故壑源之茶，常不足客所求。其有桀猾之园民，阴取沙溪茶叶，杂就家㮏而制之。人耳其名，睨其规模之相若，不能原其实者，盖有之矣。凡壑源之茶售以十，则沙溪之茶售以五，其直大率仿此。然沙溪之园民，亦勇于觅利，或杂以松黄，饰以首面。凡肉理怯薄，体轻而色黄者，试时鲜白，不能久泛，香薄而味短者，沙溪之品也。凡肉理实厚，体坚而色紫，试时泛盏凝久，香滑而味长者，壑源之品也。

王梓《茶说》：武夷山周回百二十里，皆可种茶。茶性，他产多寒，此独性温。其品有二：在山者为岩茶，上品；在地者为洲茶，次之。香清浊不同，且泡时岩茶汤白，洲茶汤红，以此为别。雨前者为头春，稍后为二春，再后为三春。又有秋中采者，为秋露白，最香。须种植、采摘、烘焙得宜，则香味两绝。然武夷本石山，峰峦载土者寥寥，故所产无几。若洲茶，所在皆是，即邻邑近多栽植，运至山中及星村墟市贾售，皆冒充武夷。更有安溪所产，尤为不堪。或品尝其味，不甚贵重者，皆以假乱真误之也。至于莲子心、白毫，皆洲茶，或以木兰花熏成欺人，不及岩茶远矣。

【注释】

①簦（dēng）：古代有柄的笠，类似于现在的雨伞。
②筥（dá）：一种专门用来晾晒粮食的席子，多为竹制。

【译文】

《品茶要录》中记载：壑源和沙溪，两地相背而对，它们的中间横隔着一道山岭，相距没有几里地，但出产的茶叶品质悬殊。有人出力将茶树移植栽培到另一个地方后，就会渐渐地被当地的气候和土壤所转化。我曾感到奇怪，茶不过是草木，一种植物而已，它的长势为何必然会随着种植地点的改变而改变呢？难道说水络和地脉唯独钟情壑源在这里荟萃，还是因为皇家御用焙茶的茶园修建这座大山之中，有神灵潜伏守护，连这里的茶叶也能获得它的余荫庇佑？若非如此，这里的茶为何极其甘甜芬芳，能够独享天下第一的美名呢？每年刚到春雷轰鸣的时节，采摘茶叶的茶夫们刚刚背着筐子笼子准备进山，那些等待贩售茶叶的商人就已经背起竹笠拿着口袋在茶夫的家门前等候了，有的茶商会提前预付订金给茶夫，有的茶叶刚被放到筥席上晾晒，茶商就纷纷付钱抢购。所以壑源产的茶叶，通常都不能满足客人的需求。有一些狡诈的茶农，偷偷地摘取了沙溪的茶叶，混杂在其中一起制成茶饼。人们通常只是耳闻了壑源的茶名，在看到茶饼的外形大小相似，且无法知道其中原委与本质时就会上当，这种情况是存在的。大凡壑源的茶按

茶经·续茶经

十钱出售，那么沙溪的茶就按五钱出售。两者之间的价格差别大致如此。然而沙溪的那些茶夫，也有特别勇于图谋利润的，会往茶中掺杂松黄，修饰茶饼的表面。一般来说，茶饼的肉质与纹理发虚且单薄，茶饼重量轻且色泽发黄的，烹试的时候色泽鲜白，但不能长时间地漂浮在茶汤表面，且香味淡薄，味道不绵长的，就是沙溪出产的茶。凡是茶饼肉质与纹理厚实，质地坚硬且色泽发紫，烹试时能长时间浮在茶汤表面，口感香滑而味道绵长的，就是壑源出产的茶。

王梓的《茶说》中记载：武夷山方圆一百二十里的地方，都可以种茶。茶的性质，其他地方产的多为寒性，唯独此处产的是温性。这里的茶有两种品级：生长在山上的叫岩茶，是上等品；生长在平地上的叫洲茶，品质稍次。这两种茶的香味、清浊都不相同，冲泡时岩茶的茶汤偏白，洲茶的茶汤偏红，人们以这一特点来区分两种茶。谷雨时节之前采摘制作的叫作头春，稍后的叫作二春，再往后的叫作三春。还有一种秋天采制的，被称为秋露白，它的气味最香。需要在种植、采摘、烘焙等环节都处理得恰好适宜，它的香气和味道才能两绝。然而武夷山本身是座石山，带土的峰峦寥寥可数，所以出产的茶量非常少。像洲茶，到处都可以种植，即使是周边临近的城市也栽种了不少，然后将它们运到山中以及零星的村落与集市上售卖，都是在冒充武夷茶。更有安溪出产的茶叶，质量尤其不行。有人品尝过这种茶的味道，不甚贵重，这都是以假乱真的结果啊！至于像莲子心、白毫等茶，都属于洲茶，有的则是用木兰花熏制成茶用来骗人，其质量远远比不上岩茶。

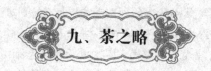

九、茶之略

（一）茶事著述名目

《茶经》三卷，唐太子文学陆羽撰。

《茶记》三卷，前人。（见《国史经籍志》）

《顾渚山记》二卷，前人。

《煎茶水记》一卷，江州刺史张又新撰。

《采茶录》三卷，温庭筠撰。

《补茶事》，太原温从云、武威段碢之。

《茶诀》三卷，释皎然撰。

《茶述》，裴汶。

《茶谱》一卷，伪蜀毛文锡。

《大观茶论》二十篇，宋徽宗撰。

《建安茶录》三卷，丁谓撰。

《试茶录》二卷，蔡襄撰。

《进茶录》一卷，前人。

《品茶要录》一卷，建安黄儒撰。

《建安茶记》一卷，吕惠卿撰。

《北苑拾遗》一卷，刘异撰。

《北苑煎茶法》，前人。

《东溪试茶录》，宋子安集，一作朱子安。

《补茶经》一卷，周绛撰。

又一卷，前人。

《北苑总录》十二卷，曾伉录。

《茶山节对》一卷，摄衢州长史蔡宗颜撰。

《茶谱遗事》一卷，前人。

《宣和北苑贡茶录》，建阳熊蕃撰。

《宋朝茶法》，沈括。

《茶论》，前人。

《北苑别录》一卷，赵汝砺撰。

《北苑别录》，无名氏。

《造茶杂录》，张文规。

《茶杂文》一卷，集古今诗及茶者。

《壑源茶录》一卷，章炳文。

《北苑别录》，熊克。

《龙焙美成茶录》，范逵。

《茶法易览》十卷，沈立。

《建茶论》，罗大经。

《煮茶泉品》，叶清臣。

《十友谱·茶谱》，失名。

《品茶》一篇，陆鲁山。

《续茶谱》，桑庄茹芝。

《茶录》，张源。

《煎茶七类》，徐渭。

《茶寮记》，陆树声。

《茶谱》，顾元庆。

《茶具图》一卷，前人。

《茗笈》，屠本畯。

《茶录》，冯时可。

《岕山茶记》，熊明遇。

《茶疏》，许次纾。

《八笺·茶谱》，高濂。

《煮泉小品》，田艺蘅。

《茶笺》，屠隆。

《岕茶笺》，冯可宾。

《峒山茶系》，周高起伯高。

《水品》，徐献忠。

《竹懒茶衡》，李日华。

《茶解》，罗廪。

《松寮茗政》，卜万祺。

《茶谱》，钱友兰翁。

《茶集》一卷，胡文焕。

《茶记》，吕仲吉。

《茶笺》，闻龙。

《岕茶别论》，周庆叔。

《茶董》，夏茂卿。

《茶说》，邢士襄。

《茶史》，赵长白。

《茶说》，吴从先。

《武夷茶说》，袁仲儒。

《茶谱》，朱硕儒。（见《黄舆坚集》）

《岕茶汇钞》，冒襄。

《茶考》，徐㶿。

《群芳谱·茶谱》，王象晋。

《佩文斋广群芳谱·茶谱》。

（二）诗文名目

杜毓《荈赋》

顾况《茶赋》

吴淑《茶赋》

李文简《茗赋》

梅尧臣《南有嘉茗赋》

黄庭坚《煎茶赋》

程宣子《茶铭》

曹晖《茶铭》

苏廙《仙芽传》

汤悦《森伯传》

苏轼《叶嘉传》

支廷训《汤蕴之传》

徐岩泉《六安州茶居士传》

吕温《三月三日茶宴序》

熊禾《北苑茶焙记》

赵孟頫《武夷山茶场记》

暗都剌《喊山台记》

文德翼《庐山免给茶引记》

茅一相《茶谱序》

清虚子《茶论》

何恭《茶议》

汪可立《茶经后序》

吴旦《茶经跋》

童承叙《论茶经书》

赵观《煮泉小品序》

（三）诗文摘句

《合璧事类·龙溪陈起宗制》有云：必能为我讲摘山之制，得充厩之良。

胡文恭《行孙谔制》有云：领算商车，典领茗轴。

唐武元衡有《谢赐新火及新茶表》。刘禹锡、柳宗元有《代武中丞谢赐新茶表》。

韩翃《为田神玉谢赐茶表》，有"味足蠲邪，助其正直；香堪愈疾，沃以勤劳。吴主礼贤，方闻置茗；晋臣爱客，才有分茶"之句。

《宋史》：李稷重秋叶、黄花之禁。

宋《通商茶法诏》，乃欧阳修代笔。《代福建提举茶事谢上表》，乃洪迈笔。

谢宗《谢茶启》：比丹丘之仙芽，胜乌程之御荈。不止味同露液，白况霜华。岂可为酪苍头，便应代酒从事。

《茶榜》：雀舌初调，玉碗分时茶思健；龙团捶碎，金渠碾处睡魔降。

刘言史《与孟郊洛北野泉上煎茶》，有诗。

僧皎然《寻陆羽不遇》，有诗。

白居易有《睡后茶兴忆杨同州》诗。

皇甫曾有《送陆羽采茶》诗。

刘禹锡《石园兰若试茶歌》有云：欲知花乳清冷味，须是眠云跂石人。

郑谷《峡中尝茶》诗：入座半瓯轻泛绿，开缄数片浅含黄。

杜牧《茶山》诗：山实东南秀，茶称瑞草魁。

施肩吾诗：茶为涤烦子，酒为忘忧君。

秦韬玉有《采茶歌》。

颜真卿有《月夜啜茶联句》诗。

司空图诗：碾尽明昌几角茶。

李群玉诗：客有衡山隐，遗余石廪茶。

李郢《酬友人春暮寄枳花茶》诗。

蔡襄有《北苑茶垄采茶造茶试茶诗》，五首。

《朱熹集·香茶供养黄柏长老悟公塔》，有诗。

文公《茶坂》诗：携篮北岭西，采叶供茗饮。一啜夜窗寒，跏趺谢衾枕。

苏轼有《和钱安道寄惠建茶》诗。

《坡仙食饮录》有《问大冶长老乞桃花茶栽》诗。

《韩驹集·谢人送凤团茶》诗：白发前朝旧史官，风炉煮茗暮江寒；苍龙不复从天下，拭泪看君小凤团。

苏辙有《咏茶花诗》二首，有云：细嚼花须味亦长，新芽一粟叶间藏。

孔平仲《梦锡惠墨答以蜀茶》，有诗。

岳珂《茶花盛放满山》诗，有"洁躬淡薄隐君子，苦口森严大丈夫"之句。

《赵抃集·次谢许少卿寄卧龙山茶》诗，有"越芽远寄人都时，酬唱争夸互见诗"之句。

文彦博诗：旧谱最称蒙顶味，露芽云液胜醍醐。

张文规诗：明月峡中茶始生。明月峡与顾渚联属，茶生其间者，尤为绝品。

孙觌有《饮修仁茶》诗。

韦处厚《茶岭》诗：顾渚吴霜绝，蒙山蜀信稀。千丛因此始，含露紫茸肥。

《周必大集·胡邦衡生日以诗送北苑八銙日注二瓶》：贺客称觞满冠霞，悬知酒渴正思茶。尚书八饼分闽焙，主薄双瓶拣越芽。又有《次韵王少府送焦坑茶》诗。

陆放翁诗：寒泉自换菖蒲水，活火闲煎橄榄茶。又《村舍杂书》：东山石上茶，鹰爪初脱韝。雪落红丝硙，香动银毫瓯。爽如闻至言，馀味终日留。不知叶家白，亦复有此否？

刘诜诗：鹦鹉茶香堪供客，荼蘼酒熟足娱亲。

王禹偁《茶园》诗：茂育知天意，甄收荷主恩。沃心同直谏，苦口类嘉言。

《梅尧臣集·宋著作寄凤茶》诗：团为苍玉璧，隐起双飞凤。独应近日颁，岂得常寮共。又《李求仲寄建溪洪井茶七品》云：忽有西山使，始遗七品茶。末品无水晕，六品无沉柤。五品散云脚，四品浮粟花。三品若琼乳，二品罕所加。绝品不可议，甘香焉等差。又《答宣城梅主簿遗鸦山茶》诗云：昔观唐人诗，茶咏鸦山嘉。鸦衔茶子生，遂同山名鸦。又有《七宝茶》诗云：七物甘香杂蕊茶，浮花泛绿乱于霞。啜之始觉君恩重，休作寻常一等夸。又《吴正仲饷新茶》《沙门颖公遗碧霄峰茗》，俱有吟咏。

戴复古《谢史石窗送酒并茶》诗曰：遗来二物应时须，客子行厨用有馀。午困政需茶料理，春愁全仗酒消除。

费氏《宫词》：近被宫中知了事，每来随驾使煎茶。

杨廷秀有《谢木舍人送讲筵茶》诗。

叶适有《寄谢王文叔送真日铸茶》诗云：谁知真苦涩，黯淡发奇光。

杜本《武夷茶》诗：春从天上来，嘘唏通寰海。纳纳此中藏，万斛珠蓓蕾。

刘秉忠《尝云芝茶》诗云：铁色皱皮带老霜，含英咀美入诗肠。

高启有《月团茶歌》，又有《茶轩》诗。

杨慎有《和章水部沙坪茶歌》，沙坪茶出玉垒关外实唐山。

董其昌《赠煎茶僧》诗：怪石与枯槎，相将度岁华。凤团虽贮好，只吃赵州茶。

娄坚有《花朝醉后为女郎题品泉图》诗。

程嘉燧有《虎丘僧房夏夜试茶歌》。

《南宋杂事诗》云：六一泉烹双井茶。

朱隗《虎丘竹枝词》：官封茶地雨前开，皂隶衙官搅似雷。近日正堂偏体贴，监茶不遣掾曹来。

绵津山人《漫堂咏物》有《大食索耳茶杯》诗云：粤香泛永夜，诗思来悠然。（原注：武夷有粤香茶。）

薛熙《依归集》有《朱新庵今茶谱序》。

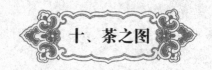

十、茶之图

（一）历代图画名目

唐张萱有《烹茶士女图》，见《宣和画谱》。

唐周昉寓意丹青，驰誉当代，宣和御府所藏有《烹茶图》一。

五代陆滉《烹茶图》一，宋中兴馆阁储藏。

宋周文矩有《火龙烹茶图》四，《煎茶图》一。

宋李龙眠有《虎阜采茶图》，见题跋。

宋刘松年绢画《卢仝煮茶图》一卷，有元人跋十馀家。范司理龙石藏。

王齐翰有《陆羽煎茶图》，见王世懋《澹园画品》。

董迫《陆羽点茶图》，有跋。

元钱舜举画《陶学士雪夜煮茶图》，在焦山道士郭第处，见詹景凤《东冈玄览》。

史石窗名文卿，有《煮茶图》，袁桷作《煮茶图诗序》。

冯璧有《东坡海南烹茶图并诗》。

严氏《书画记》，有杜柽居《茶经图》。

汪珂玉《珊瑚网》，载《卢仝烹茶图》。

明文徵明有《烹茶图》。

沈石田有《醉茗图》，题云：酒边风月与谁同，阳羡春雷醉耳聋。七碗便堪酬酩酊，任渠高枕梦周公。

沈石田有《为吴匏庵写虎丘对茶坐雨图》。

《渊鉴斋书画谱》，陆包山治有《烹茶图》。

（补）元赵松雪有《宫女啜茗图》，见《渔洋诗话·刘孔和诗》。

（二）茶具十二图

韦鸿胪

赞曰：祝融司夏，万物焦烁，火炎昆冈，玉石俱焚，尔无与焉。乃若不使山谷之英，堕于涂炭，子与有力矣。上卿之号，颇著微称。

木待制

上应列宿，万民以济，秉性刚直，摧折强梗，使随方逐圆之徒，不能保其身，善则善矣，然非佐以法曹，资之枢密，亦莫能成厥功。

金法曹

柔亦不茹，刚亦不吐，圆机运用，一皆有法，使强梗者不得殊规乱辙，岂不韪与？

石转运

抱坚质，怀直心，哮嘷英华，周行不怠，斡摘山之利，操漕权之重，循环自常，不舍正而适他，虽没齿无怨言。

胡员外

周旋中规而不逾其间，动静有常而性苦其卓，郁结之患，悉能破之。虽中无所有，而外能研究，其精微不足以望圆机之士。

罗枢密

机事不密，则害成。今高者抑之，下者扬之，使精粗不致于混淆，人其难诸？奈何矜细行而事喧哗，惜之。

宗从事

孔门高弟，当洒扫应对事之末者，亦所不弃，又况能萃其既散，拾其已遗，运寸毫而使边尘不飞，功亦善哉！

漆雕秘阁

危而不持，颠而不扶，则吾斯之未能信。以其弥执热之患，无坳堂之覆，故宜辅以宝文而亲近君子。

陶宝文

出河滨而无苦窳，经纬之象，刚柔之理，炳其彪中，虚己待物，不饰外貌，位高秘阁，宜无愧焉。

汤提点

养浩然之气，发沸腾之声，以执中之能，辅成汤之德。斟酌宾主间，功迈仲叔圉，然未免外烁之忧，复有内热之患，奈何？

竺副帅

首阳饿夫，毅谏于兵沸之时，方金鼎扬汤，能探其沸者几希。子之清节，独以身试，非临难不顾者畴见尔。

司职方

互乡童子，圣人犹与其进，况端方质素，经纬有理，终身涅而不缁者，此孔子所以与洁也。

（三）竹炉并分封茶具六事

苦节君

铭曰：肖形天地，非冶非陶。心存活火，声带湘涛。一滴甘露，涤我诗肠。清风两腋，洞然八荒。

苦节君行省

茶具六事，分封悉贮于此，侍从苦节君于泉石山斋亭馆间，执事者故以行省名之。陆鸿渐所谓都篮者，此其是与？

建城

茶宜密裹，故以箬笼盛之，今称建城。按《茶录》云：建安民间以茶为尚，故据地以城封之。

云屯

泉汲于云根，取其洁也。今名云屯，盖云即泉也，贮得其所，虽与列职诸君同事，而独屯于斯，岂不清高绝俗而自贵哉？

乌府

炭之为物，貌玄性刚，遇火则威灵气焰，赫然可畏。苦节君得此，甚利于用也。况其别号乌银，故特表章其所藏之具曰乌府，不亦宜哉。

水曹

茶之真味，蕴诸旗枪之中，必浣之以水而后发也。凡器物用事之馀，未免残沥微垢，赖水沃盥，因名其器曰水曹。

器局

一应茶具，收贮于器局。供役苦节君者，故立名管之。

品司

茶欲啜时，入以笋、橄、瓜仁、芹蒿之属，则清而且佳，因命湘君，设司检束。

（四）罗先登《续文房图赞》

玉川先生

毓秀蒙顶，蜚英玉川，搜搅胸中书传五千，儒素家风，清淡滋味，君子之交，其淡如水。